Rechtlicher Hinweis :

Dieses Buch ist urheberrechtlich geschützt. Es ist nur für den persönlichen Gebrauch
bestimmt. Es ist nicht gestattet, Teile oder Inhalte dieses Buches ohne die Zustimmung des
Autors oder Herausgebers zu verändern, zu vertreiben, zu verkaufen, zu verwenden, zu
zitieren oder zu paraphrasieren.

Haftungsausschluß :

Bitte beachten Sie, dass die in diesem Dokument enthaltenen Informationen nur zu
Bildungs- und Unterhaltungszwecken dienen. Es wurden alle Anstrengungen
unternommen, um genaue, aktuelle, zuverlässige und vollständige Informationen zu
präsentieren. Es wird keine Garantie jeglicher Art ausgesprochen oder impliziert. Der Leser
nimmt zur Kenntnis, dass der Autor keine rechtliche, finanzielle, medizinische oder
professionelle Beratung leistet. Die Inhalte dieses Buches stammen aus einer Vielzahl von
Quellen. Bitte konsultieren Sie einen lizenzierten Fachmann, bevor Sie eine der in diesem
Buch beschriebenen Techniken ausprobieren.

Mit der Lektüre dieses Dokuments erklärt sich der Leser damit einverstanden, dass der
Autor nicht für direkte oder indirekte Verluste haftet, die sich aus der Verwendung der
hierin enthaltenen Informationen ergeben, einschließlich, aber nicht beschränkt auf,
Fehler, Auslassungen oder Ungenauigkeiten.

INHALTSVERZEICHNIS
YOGA-POSEN FÜR ANFÄNGER

YOGA-POSEN FÜR ANFÄNGER

1. POSE IN DEN BERGEN

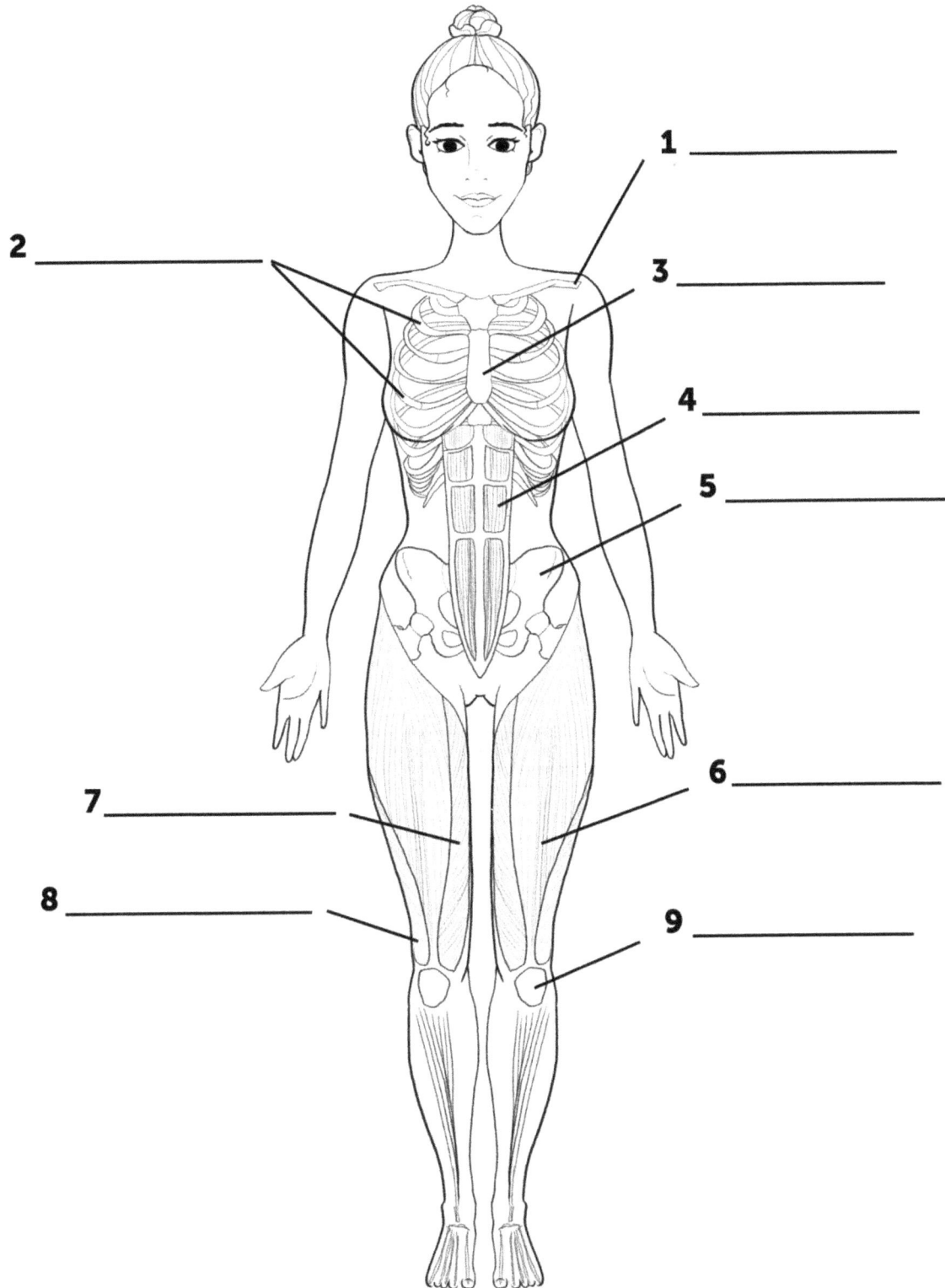

1 _____

2 _____

3 _____

4 _____

5 _____

6 _____

7 _____

8 _____

9 _____

1. POSE IN DEN BERGEN

1. COLLARBE
2. CÔTES
3. STERNUM
4. RECTUS ABDOMINAL
5. PELVIS
6. QUADRICEPS
7. VASTUS MEDIALIS
8. VASTUS LATERALIS
9. ROTULE

2. VERLEGUNG DER PALME

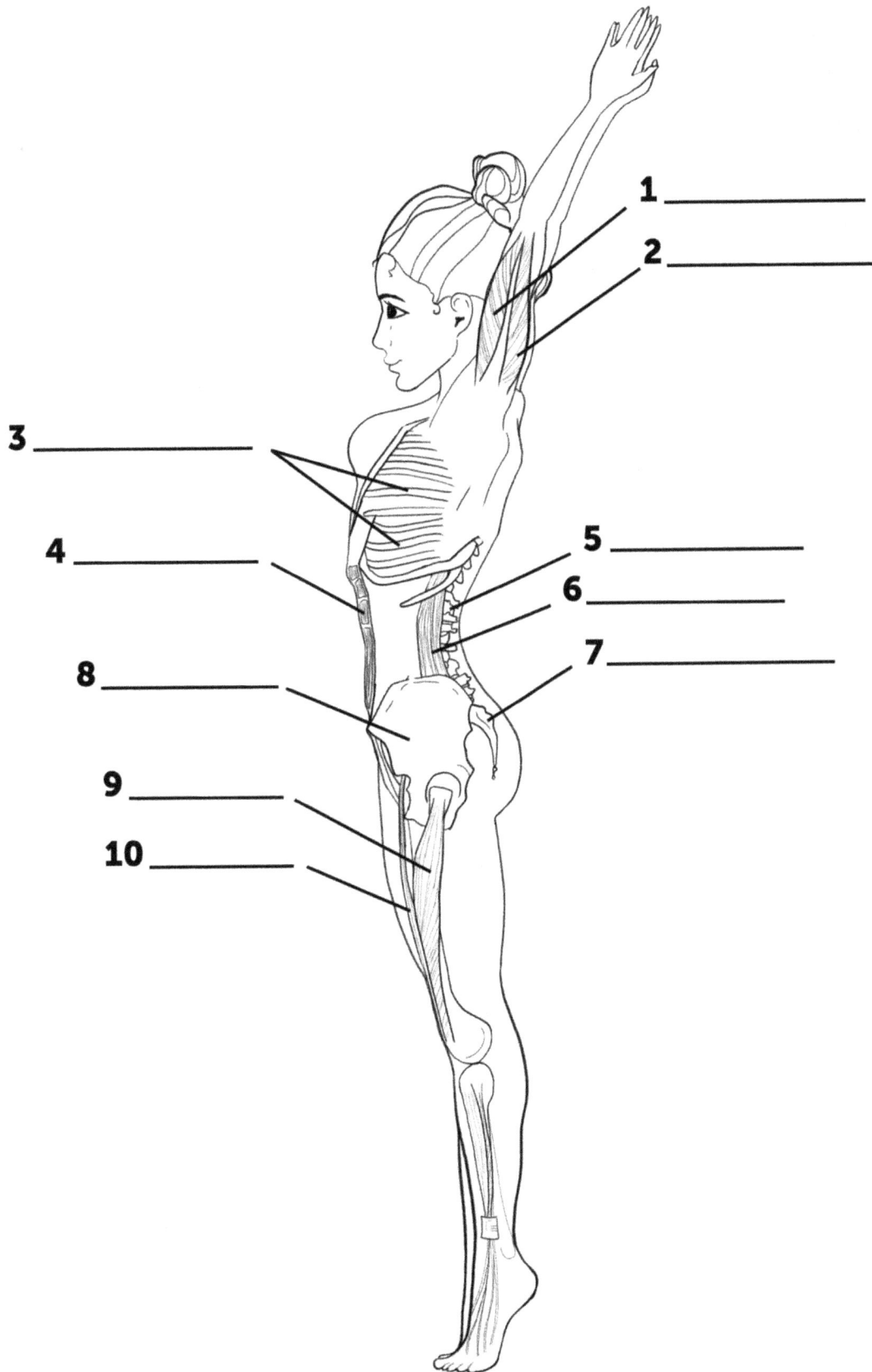

1 _____

2 _____

3 _____

4 _____

5 _____

6 _____

7 _____

8 _____

9 _____

10 _____

2. VERLEGUNG DER PALME

1. BRACHIALER TRIZEPS

2. DELTOID

3. KÜSTEN

4. REKTUS ABDOMINALIS

5. WIRBELSÄULE

6. WIRBELSÄULENAUFRICHTER

7. KREUZBEIN

8. BASSIN

9. OBERSCHENKELREKTUS

10. SARTORIUS

3. DAUERHAFT VORWÄRTS GERICHTETER ELLBOGEN

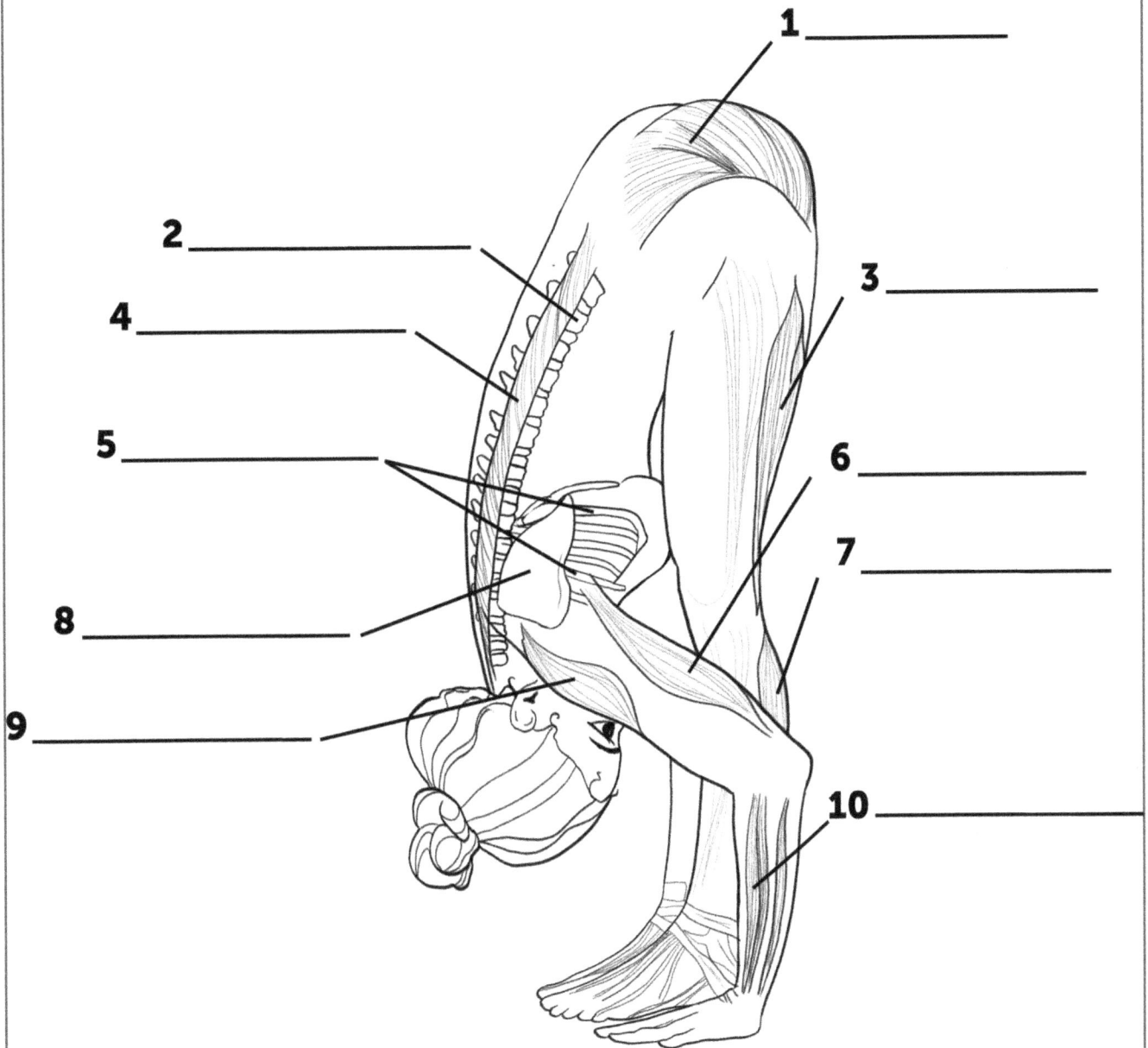

1 _____

2 _____

3 _____

4 _____

5 _____

6 _____

7 _____

8 _____

9 _____

10 _____

3. DAUERHAFT VORWÄRTS GERICHTETER ELLBOGEN

1. PIRIFORMIS
2. WIRBELSÄULE
3. HAMSTRINGS
4. MUSKELN DER WIRBELSÄULE
5. KÜSTEN
6. TRIZEPS BRACHII
7. GASTROKNISTER
8. SCHULTERBLATT
9. DELTOID
10. EXTENSOR DIGITORUM

4. VORDERE HALBKURVE STEHEND

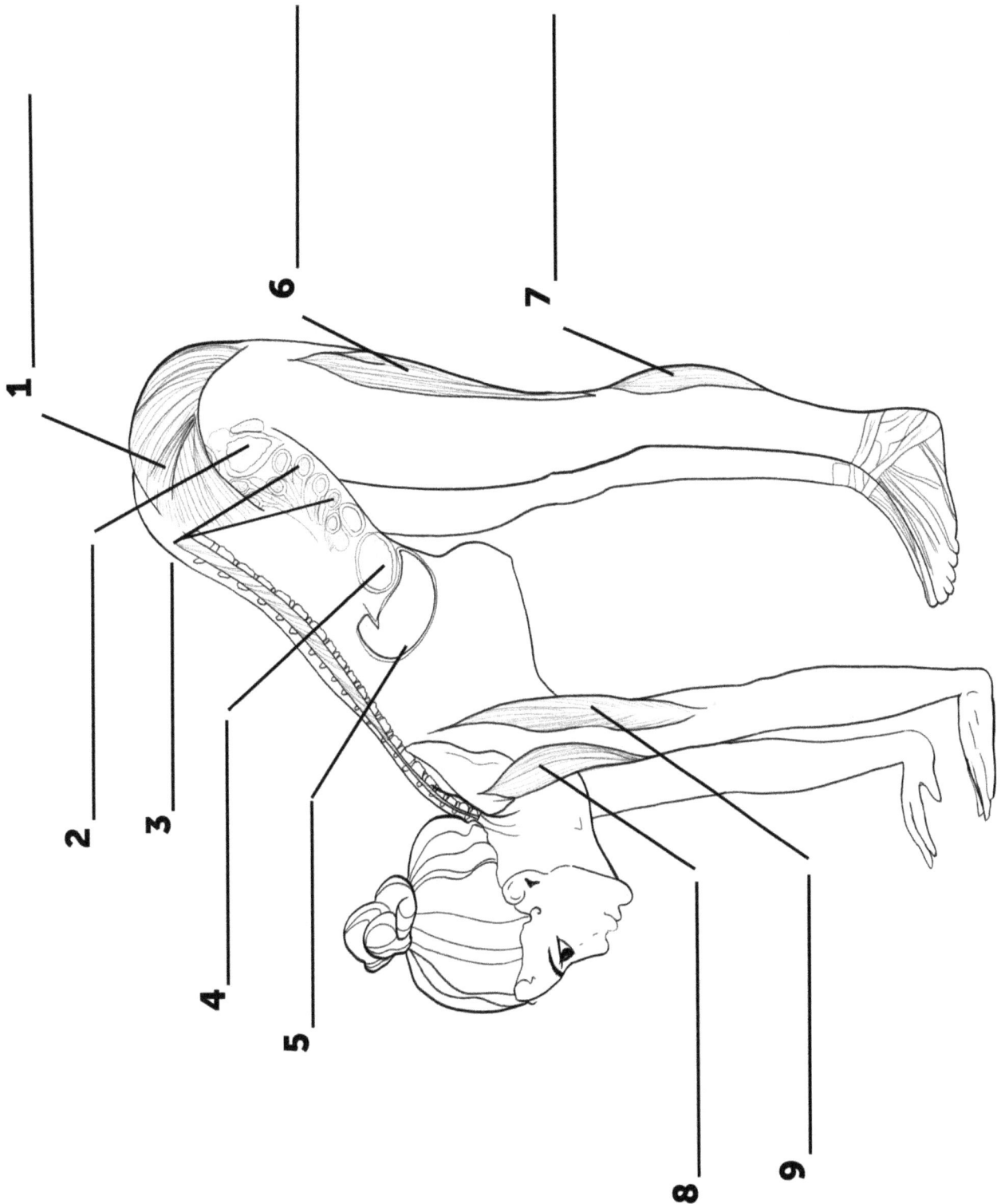

1

2

3

4

5

6

7

8

9

4. VORDERE HALBKURVE STEHEND

1. PIRIFORMIS
2. BLASE
3. DEN DÜNNDARM
4. MAGEN
5. LEBER
6. HAMSTRINGS
7. GASTROKNISTER
8. DELTOID
9. TRIZEPS BRACHII

5. HOHER STECKPLATZ

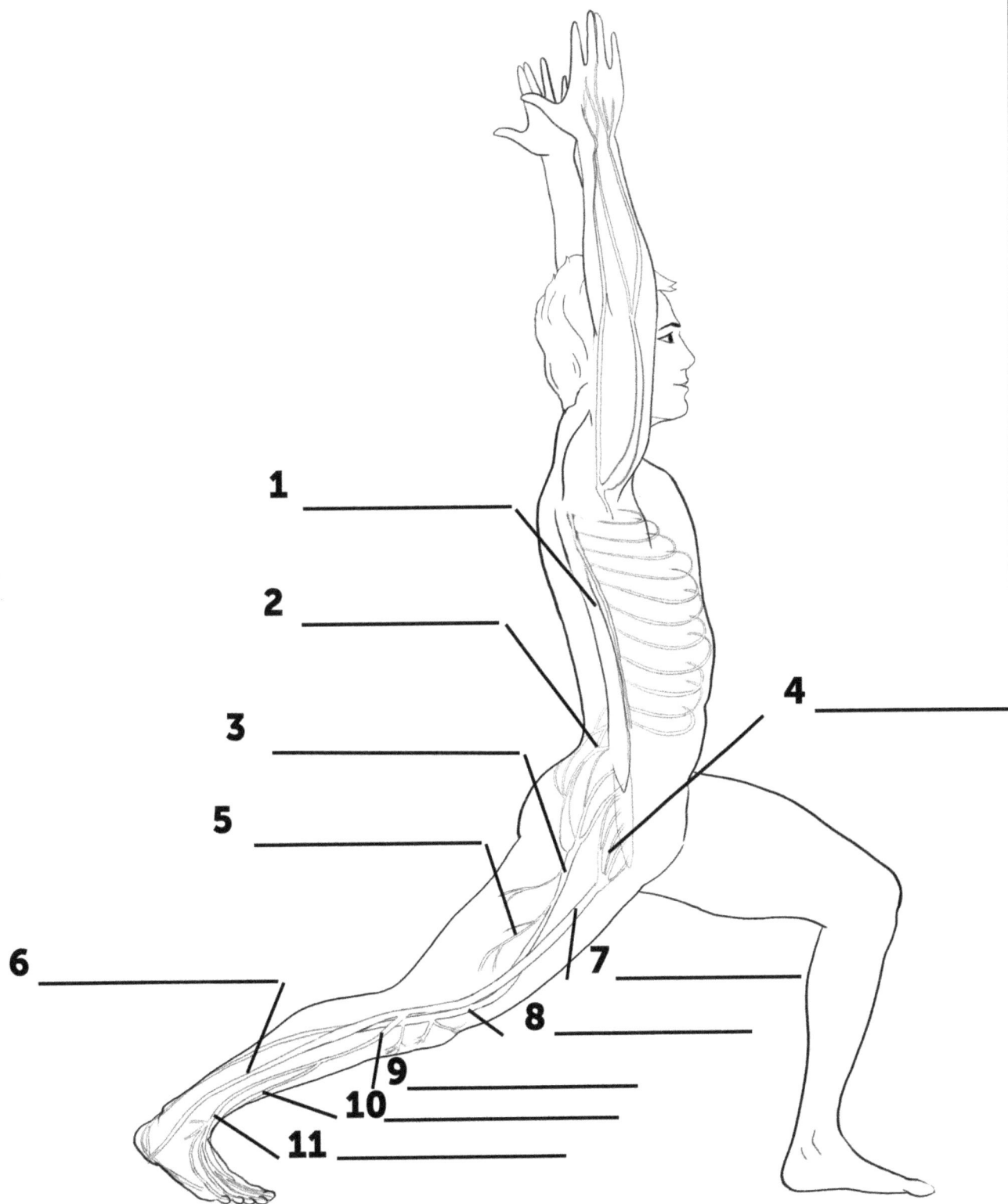

1 _____

2 _____

3 _____

4 _____

5 _____

6 _____

7 _____

8 _____

9 _____

10 _____

11 _____

5. HOHER STECKPLATZ

1. RÜCKENMARK

2. LENDENPLEXUS

3. OBERSCHENKEL

4. HEILIGES KNOTENGEFLECHT

5. DIE MUSKULÄREN ÄSTE DES OBERSCHENKELS

6. ISCHIAS

7. ISCHIAS

8. VENA SAPHENA MAGNA

9. GEMEINSAM PERONEUS

10. SURAL

11. OBERFLÄCHLICHES PERONEUM

6. POSE DES STUHLS

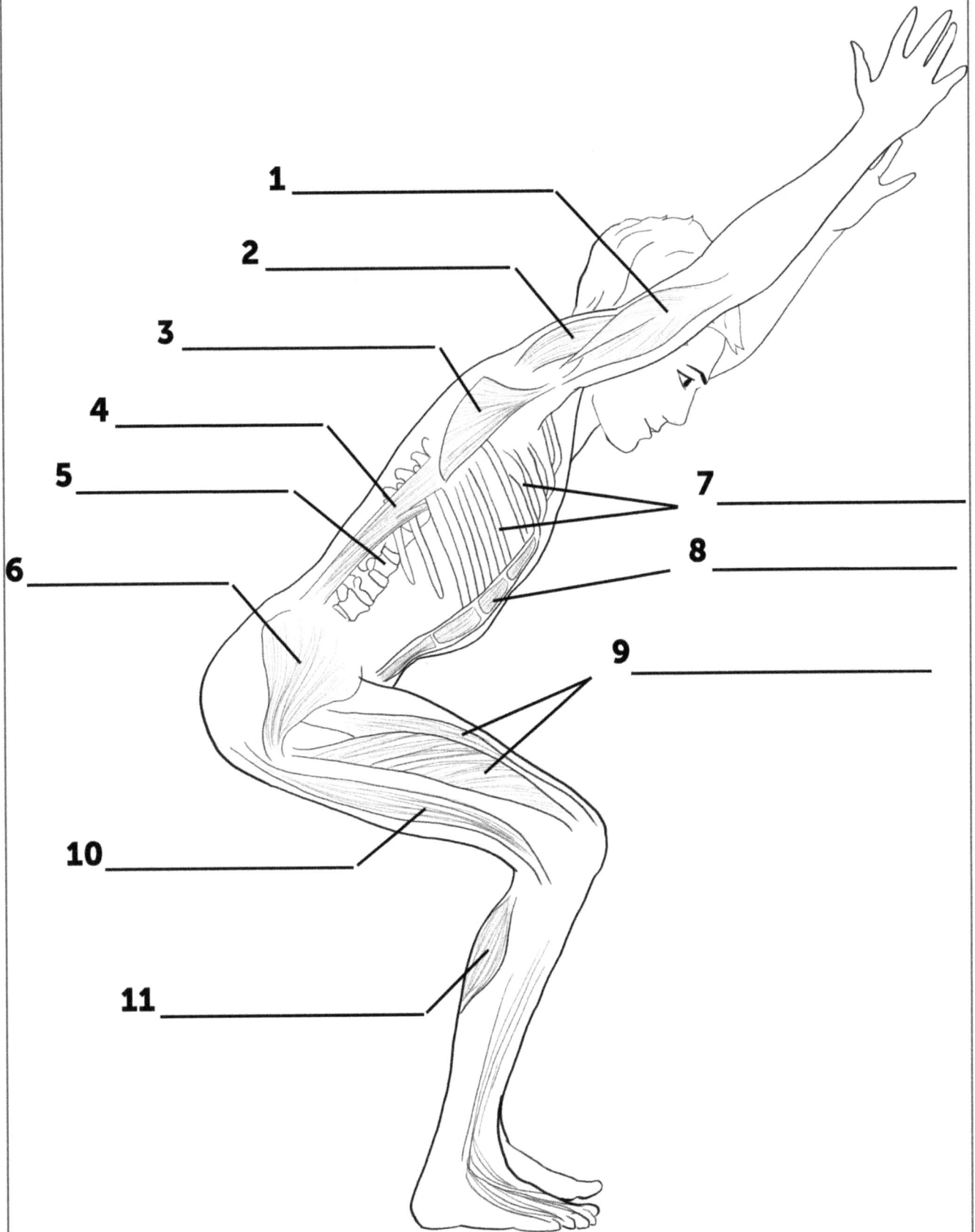

1 _____

2 _____

3 _____

4 _____

5 _____

6 _____

7 _____

8 _____

9 _____

10 _____

11 _____

6. POSE DES STUHLS

1. TRIZEPS BRACHII
2. DELTOID
3. INFRASPINATUS
4. ERECTOR SPINAE
5. WIRBELSÄULE
6. GLUTEUS MEDIUS
7. KÜSTEN
8. REKTUS ABDOMINIS
9. QUADRIZEPS
10. HAMSTRINGS
11. GASTROKNISTER

7. POSE IM DREIECK

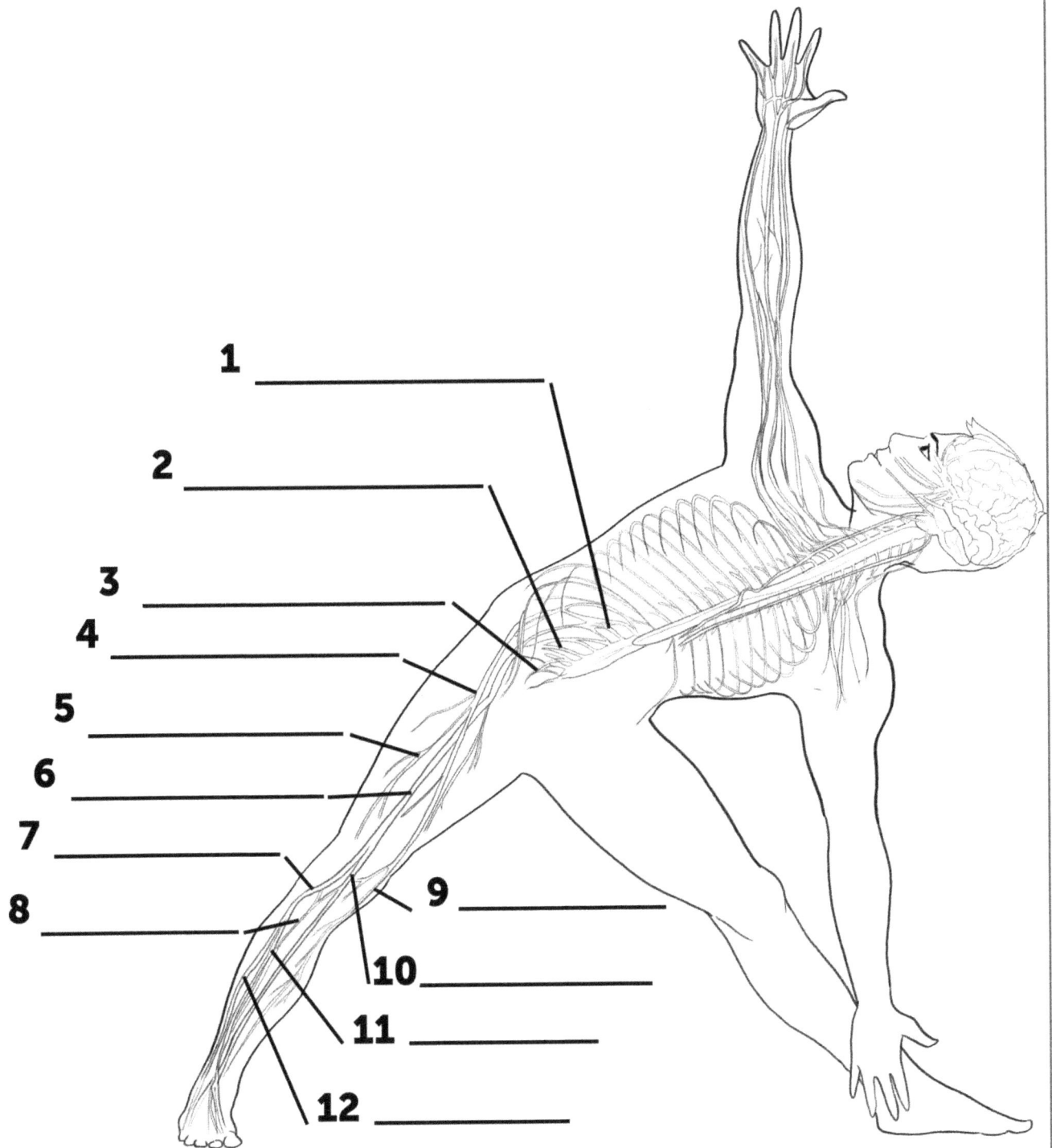

1 _____

2 _____

3 _____

4 _____

5 _____

6 _____

7 _____

8 _____

9 _____

10 _____

11 _____

12 _____

7. POSE IM DREIECK

1. LUMBALPLEXUS

2. DAS HEILIGE KNOTENGEFLECHT

3. DER NERVUS PUDENDUS

4. OBERSCHENKEL

5. MUSKULÄRE ÄSTE DES OBERSCHENKELS

6. ISCHIAS

7. GEMEINSAM PERONEUS

8. SURAL

9. VENA SAPHENA MAGNA

10. TIBIA

11. TIEF PERONEAL

12. OBERFLÄCHLICHES PERONEUM

8. VERLEGUNG DES ERWEITERTEN SEITENWINKELS

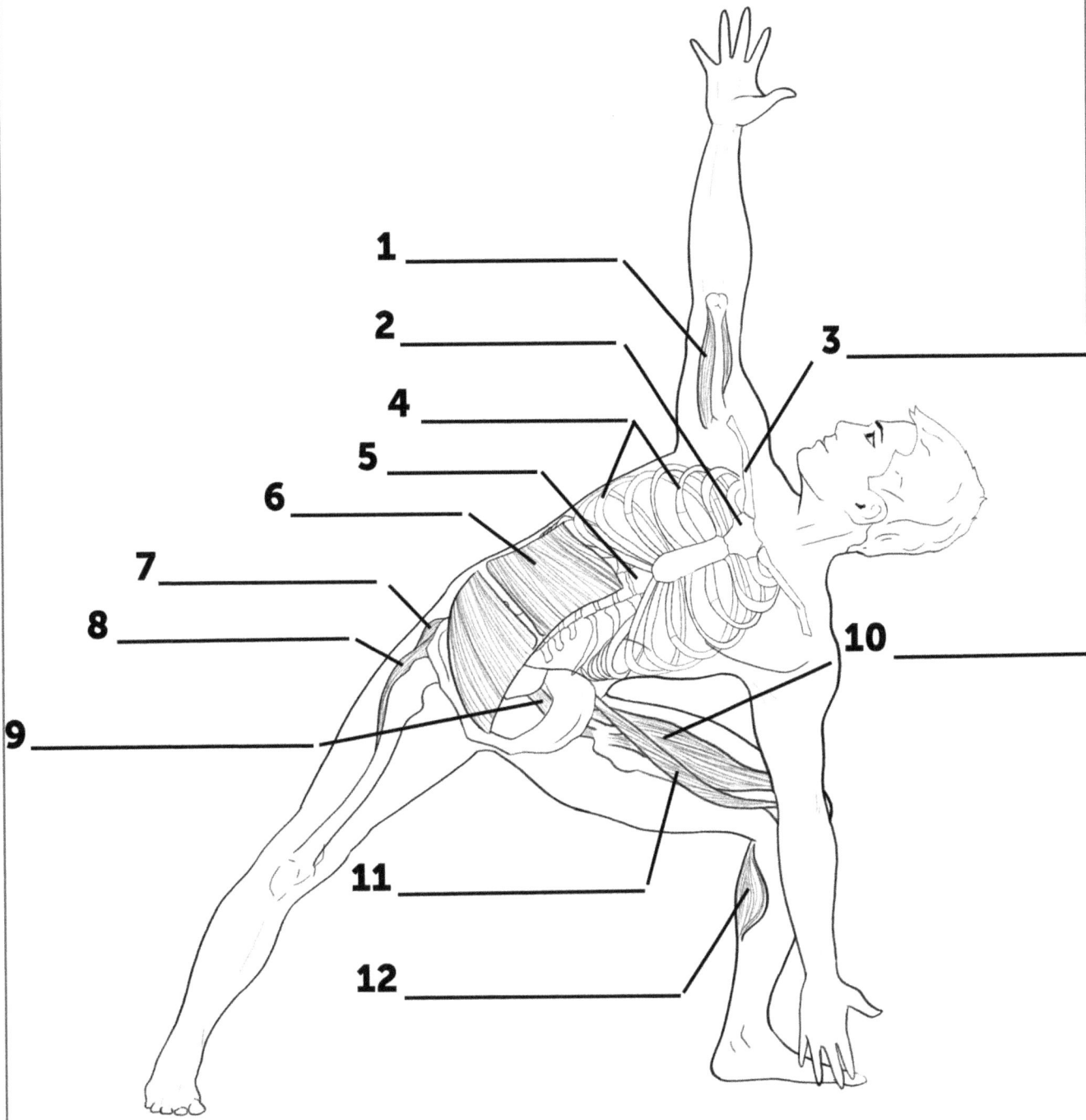

1 _____

2 _____

3 _____

4 _____

5 _____

6 _____

7 _____

8 _____

9 _____

10 _____

11 _____

12 _____

8. VERLEGUNG DES ERWEITERTEN SEITENWINKELS

1. BIZEPS BRACHII

2. STERNUM

3. KRAGENBE

4. KÜSTEN

5. WIRBELSÄULE

6. INNERER SCHRÄGSTRICH

7. GLUTEUS MEDIUS

8. TENSOR FASCIA LATAE

9. PIRIFORMIS

10. QUADRIZEPS

11. SARTORIUS

12. GASTROKNISTER

9. POSE DES STABES

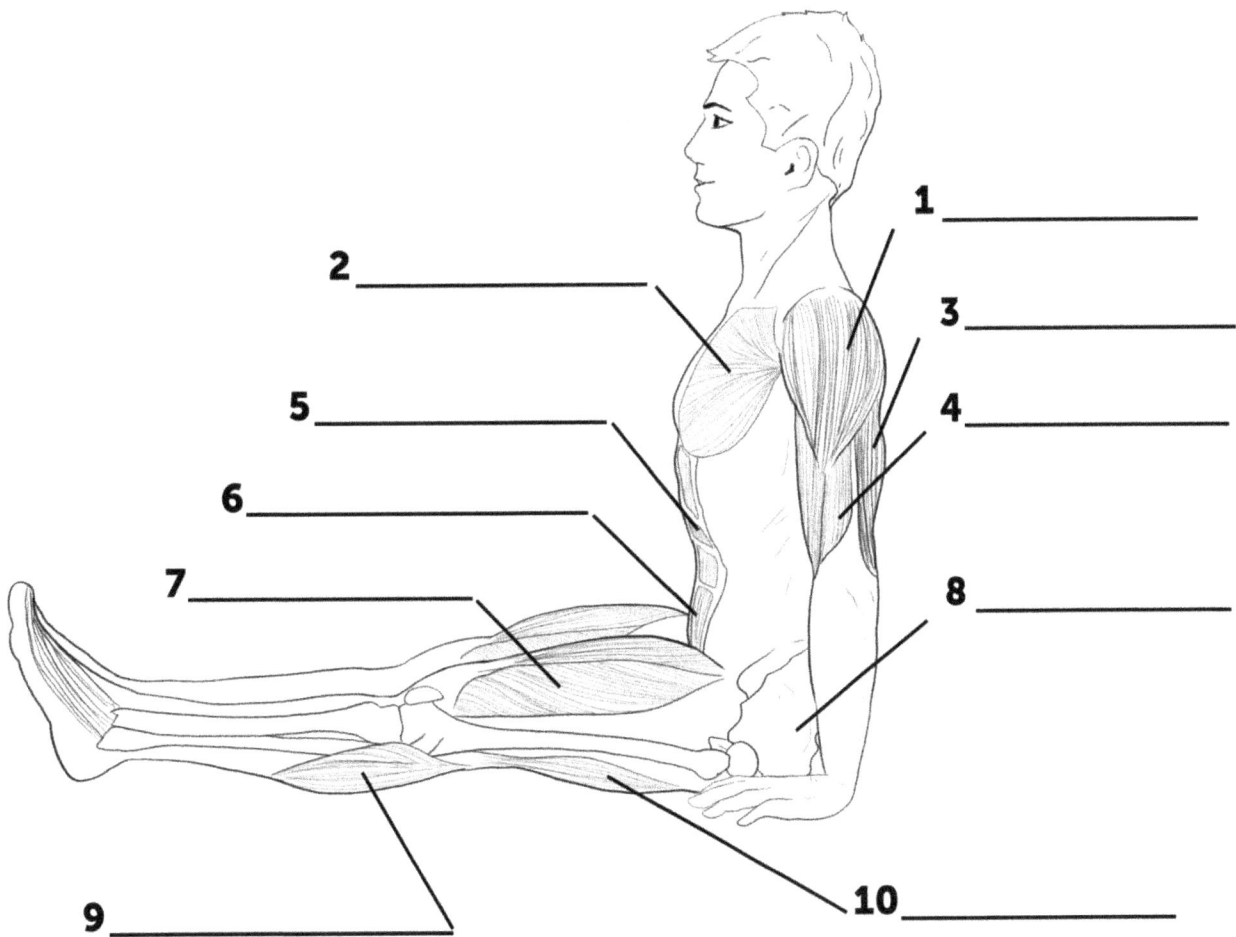

2_____

5_____

6_____

7_____

9_____

1_____

3_____

4_____

8_____

10_____

9. POSE DES STABES

1. DELTAMUSKEL

2. PECTORALIS MAJOR

3. TRIZEPS BRACHII

4. BIZEPS BRACHII

5. REKTUS ABDOMINIS

6. DIE MUSKELN DES UNTERBAUCHES

7. QUADRIZEPS

8. BECKEN

9. GASTROKNISTER

10. HAMSTRINGS

10. EINFACHE INSTALLATION

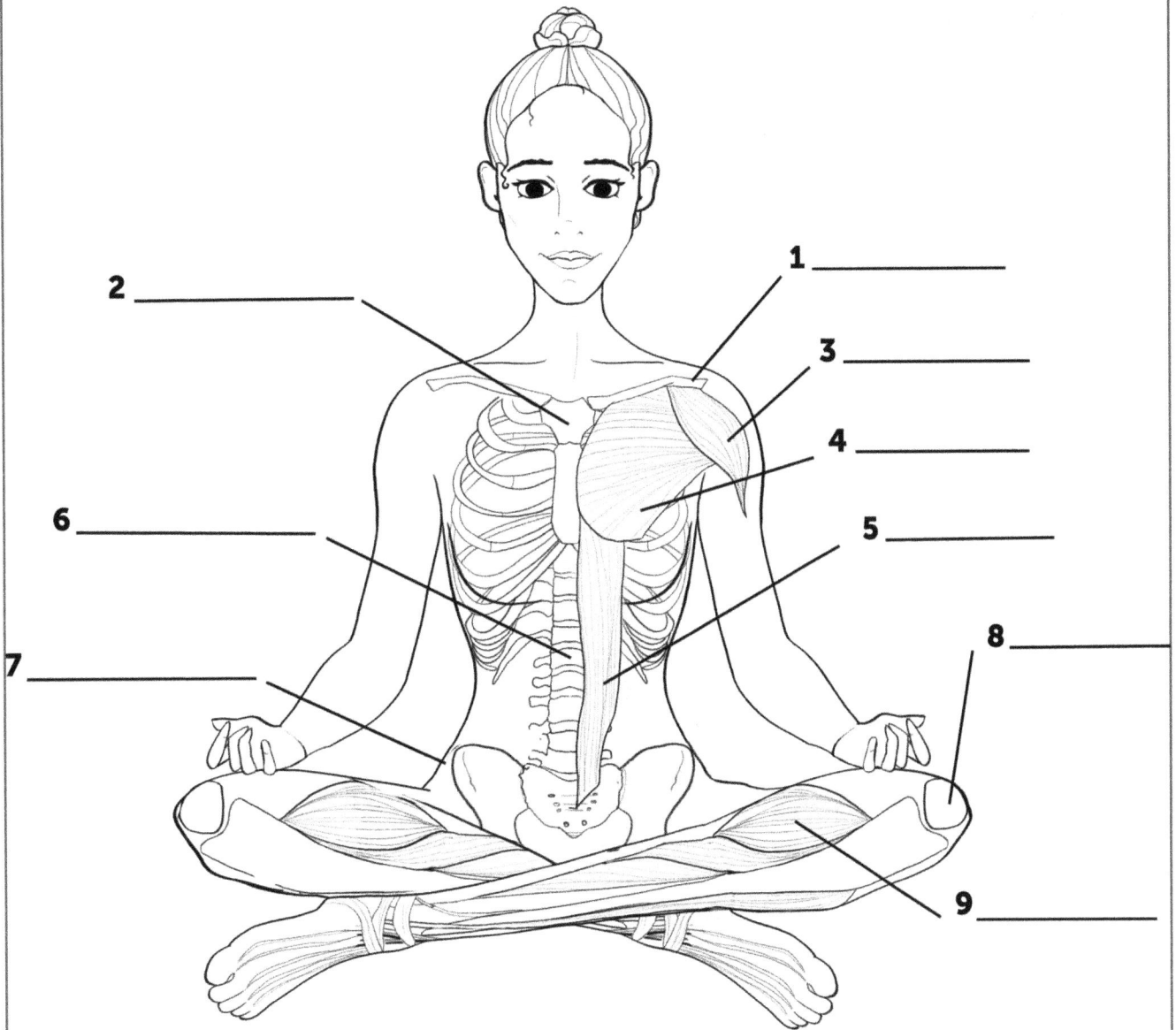

1 _____

2 _____

3 _____

4 _____

5 _____

6 _____

7 _____

8 _____

9 _____

10. EINFACHE INSTALLATION

1. SCHLÜSSELBEIN

2. STERNUM

3. DELTOID

4. PECTORALIS MAJOR

5. REKTUS ABDOMINIS

6. WIRBELSÄULE

7. BECKEN

8. PATELLA

9. GASTROKNISTER

11. BANDAGIERTER KNÖCHEL

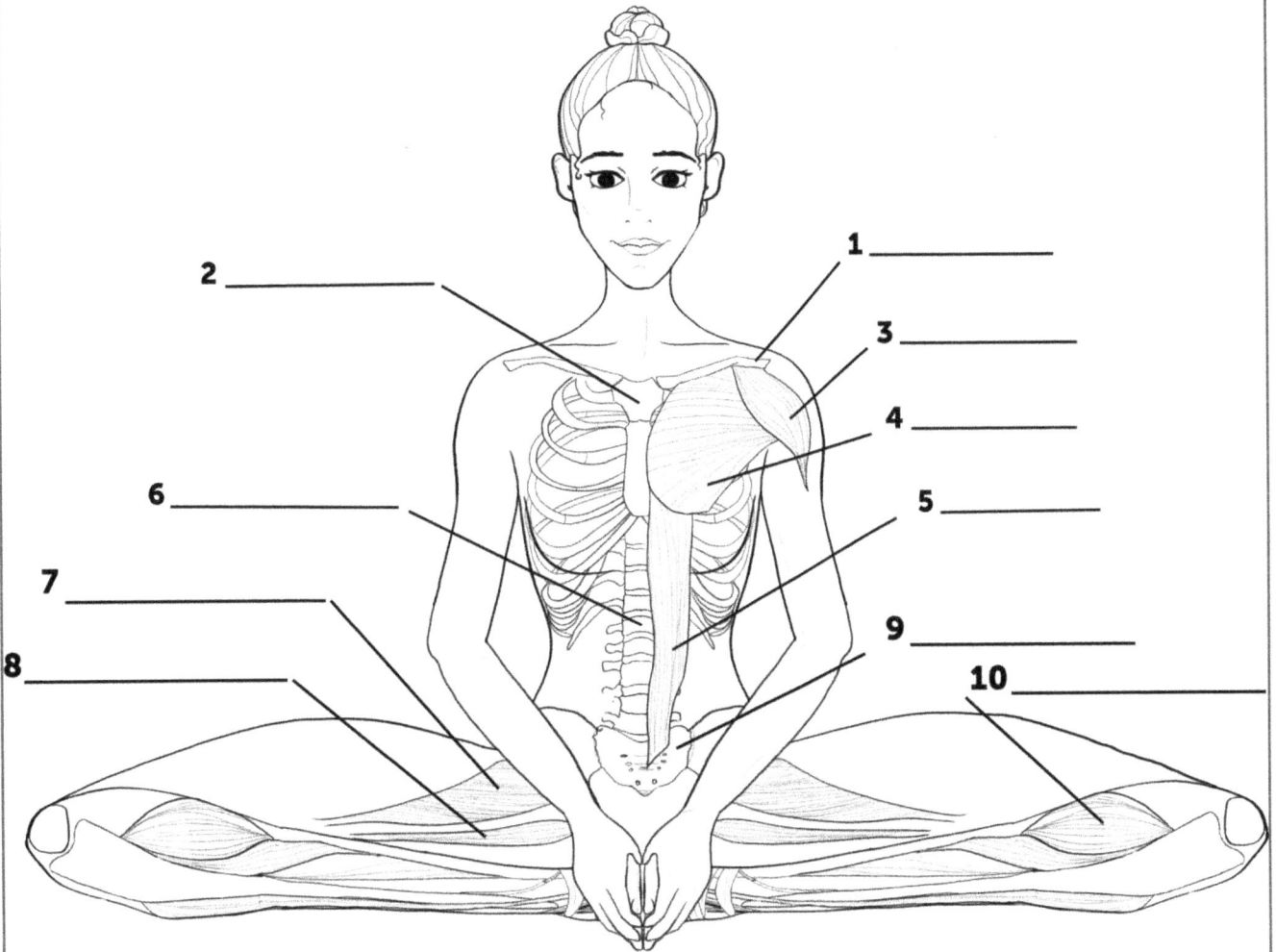

1 _____

2 _____

3 _____

4 _____

5 _____

6 _____

7 _____

8 _____

9 _____

10 _____

11. BANDAGIERTER KNÖCHEL

1. SCHLÜSSELBEIN
2. STERNUM
3. DELTOID
4. PECTORALIS MAJOR
5. REKTUS ABDOMINIS
6. WIRBELSÄULE
7. LANGER SCHENKELANZIEHER
8. GRACILIS
9. KREUZBEIN
10. GASTROKNISTER

12. POSE DES HALBEN HERRN DER FISCHE

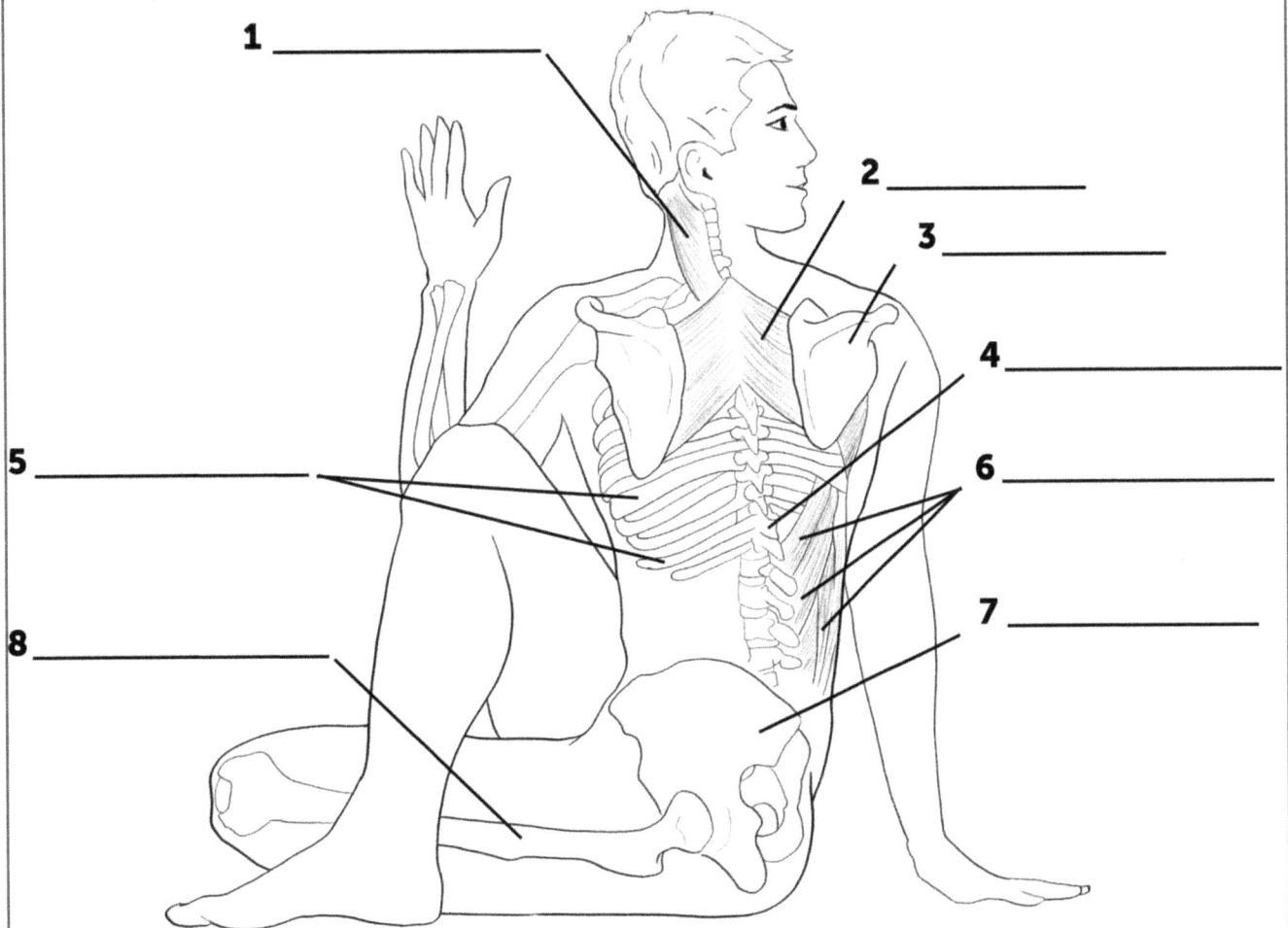

1 _____

2 _____

3 _____

4 _____

5 _____

6 _____

7 _____

8 _____

12. POSE DES HALBEN HERRN DER FISCHE

1. SPLENIUS CAPITIS
2. RHOMBOIDE
3. SCHULTERBLATT
4. WIRBELSÄULE
5. KÜSTEN
6. EREKTOR SPINAE
7. BASSIN
8. OBERSCHENKEL

13. TABLETTE POSE

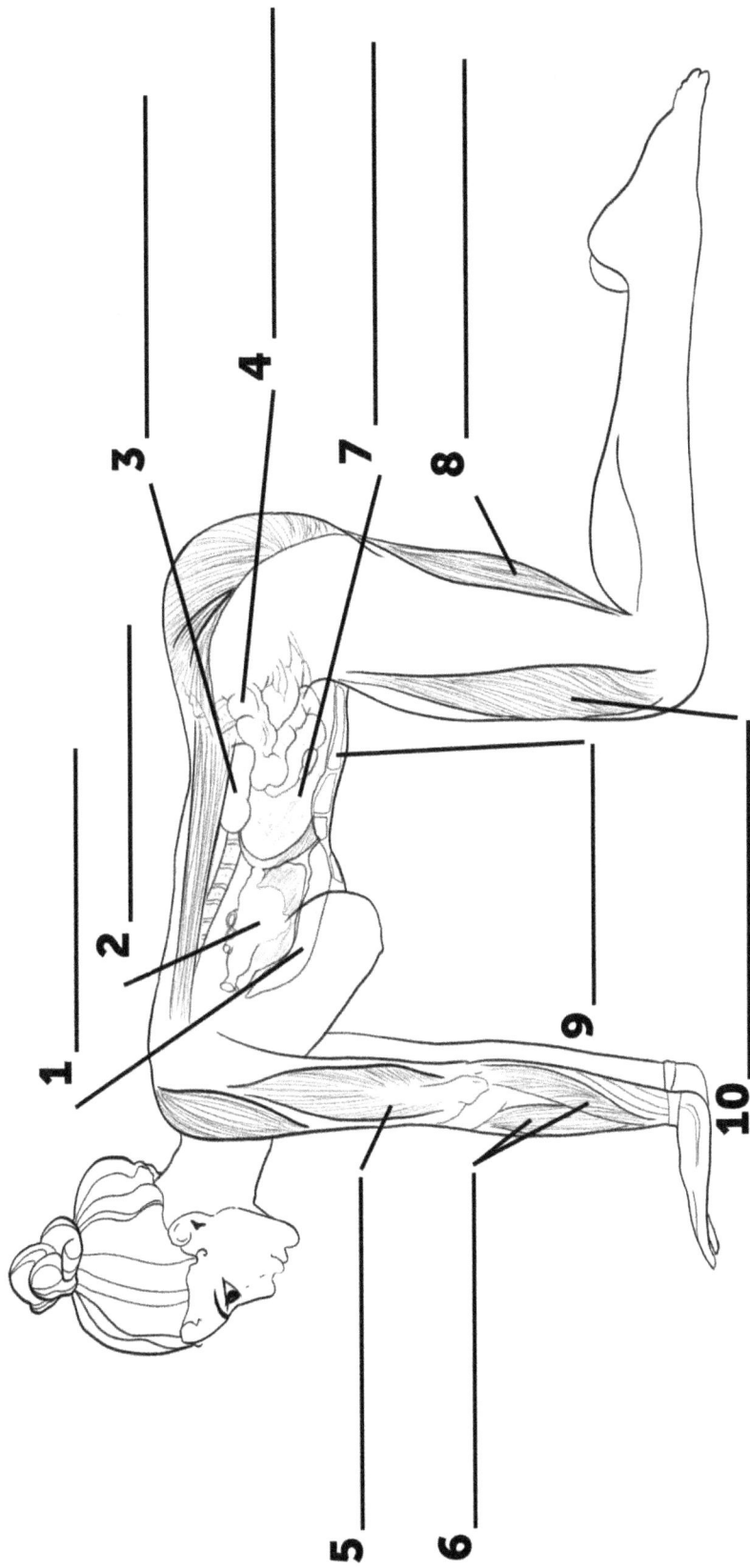

1

2

3

4

5

6

7

8

9

10

13. TABLETTE POSE

1. LUNGE
2. HERZ
3. NIERE
4. AUFSTEIGENDER DICKDARM
5. TRIZEPS BRACHII
6. PRONATOREN
7. LEBER
8. HAMSTRINGS
9. REKTUS ABDOMINIS
10. QUADRIZEPS

14. POSE DER KATZE

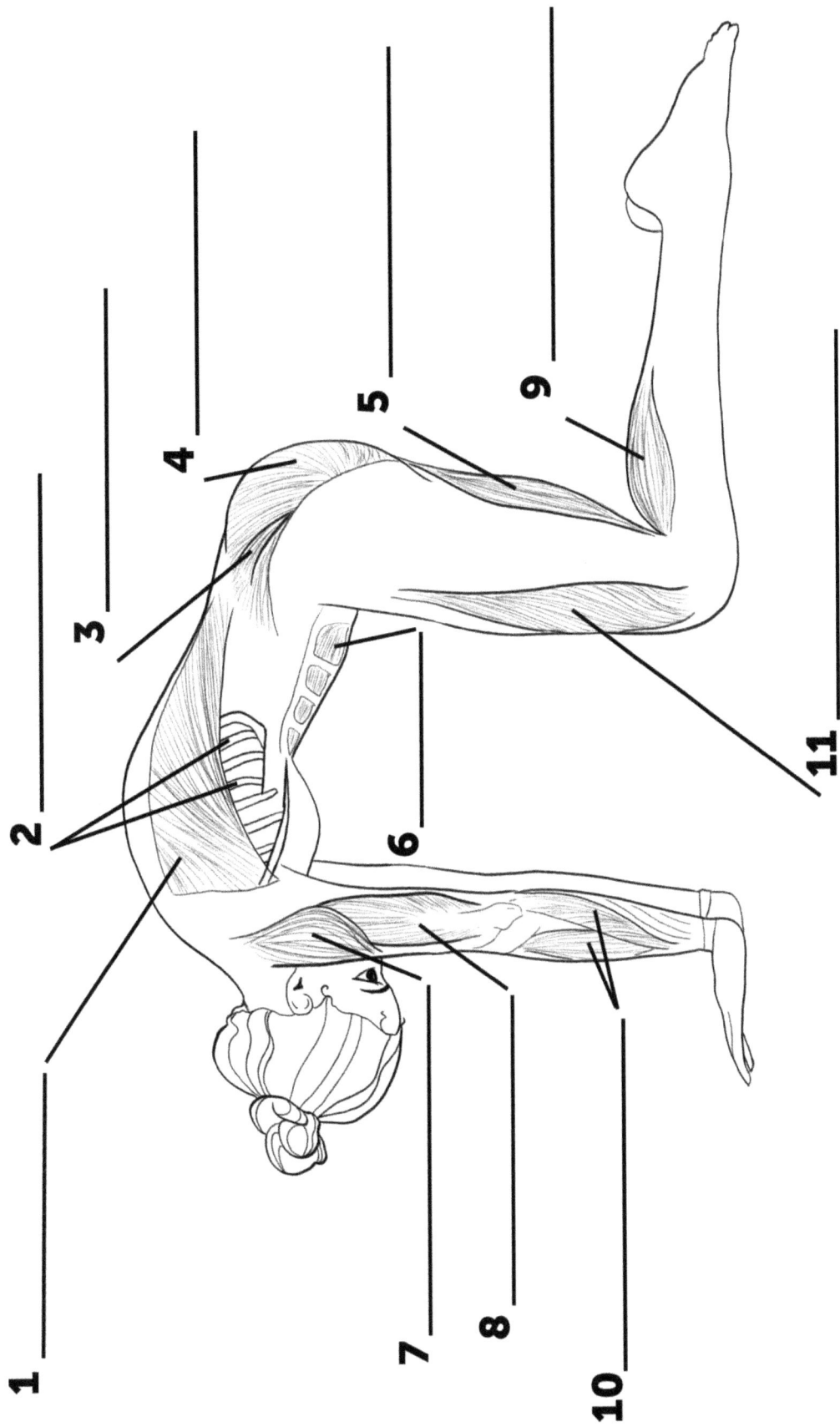

1

2

3

4

5

6

7

8

9

10

11

14. POSE DER KATZE

1. LATISSIMUS DORSI
2. KÜSTEN
3. PIRIFORMIS
4. MAXIMALES GESÄß
5. HAMSTRINGS
6. REKTUS ABDOMINIS
7. DELTOID
8. TRIZEPS BRACHII
9. GASTROKNISTER
10. PRONATOREN
11. QUADRIZEPS

15. LEGEN DER KUH

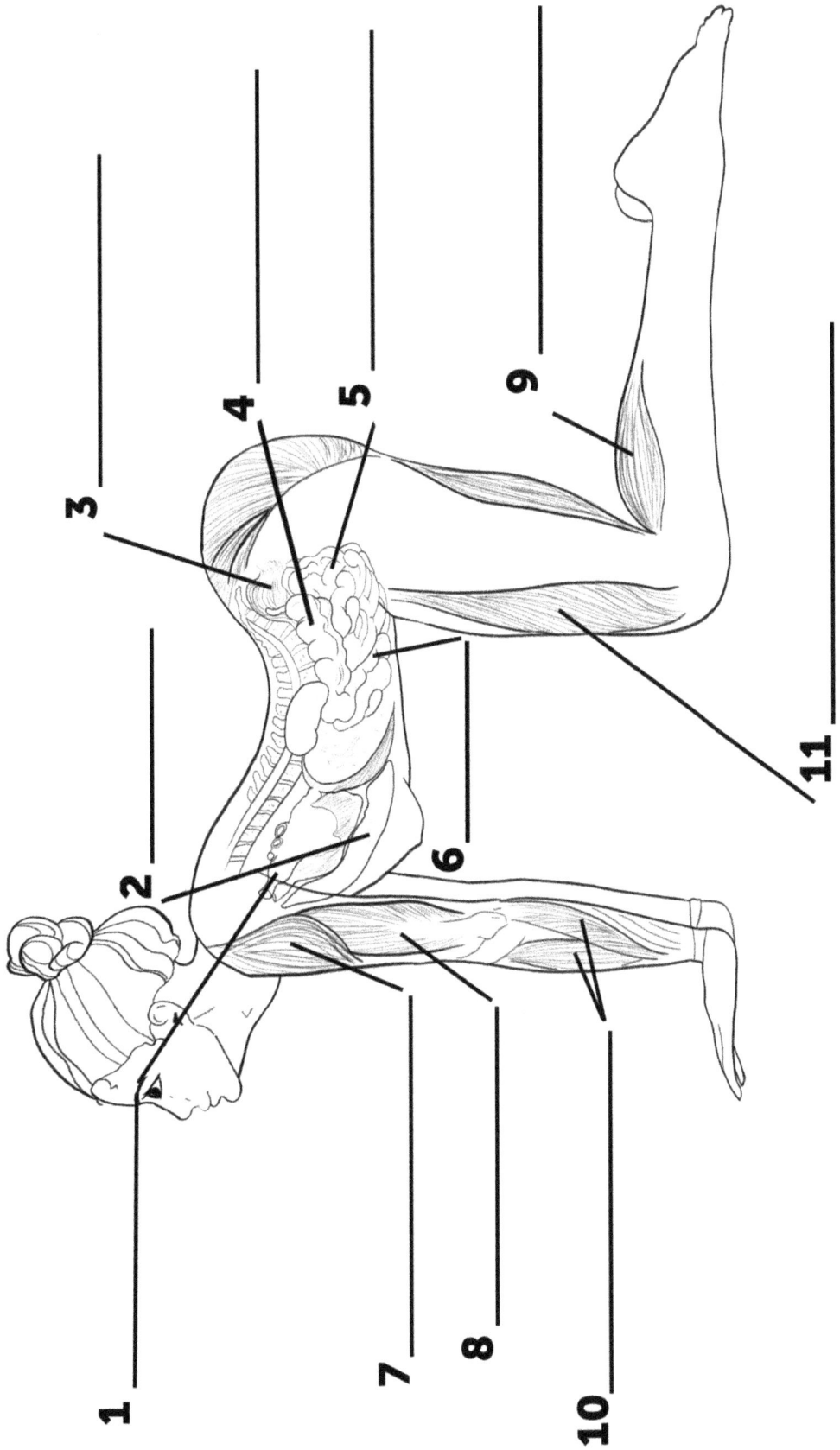

1

2

3

4

5

6

7

8

9

10

11

15. LEGEN DER KUH

1. HERZ

2. LUNGE

3. REKTUM

4. AUFSTEIGENDER DICKDARM

5. DÜNNDARMSPULEN

6. QUERKOLON

7. DELTOID

8. TRIZEPS BRACHII

9. GASTROKNISTER

10. PRONATOREN

11. QUADRIZEPS

16. INSTALLATION DER AUSGLEICHSPLATTE

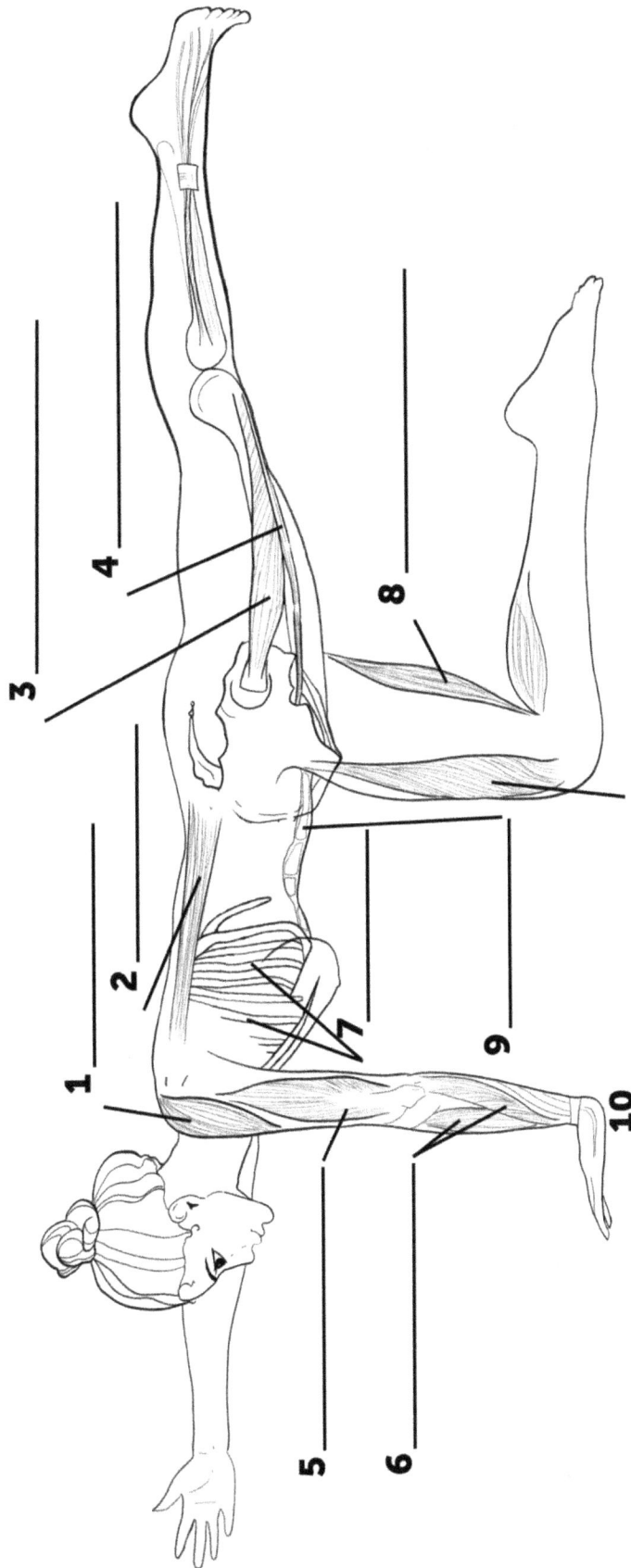

16. INSTALLATION DER AUSGLEICHSPLATTE

1. DELTOID

2. EREKTOR SPINAE

3. RECTUS FEMORIS (OBERSCHENKELMUSKEL)

4. SARTORIUS

5. TRIZEPS BRACHII

6. PRONATOREN

7. KÜSTEN

8. HAMSTRINGS

9. REKTUS ABDOMINIS

10. QUADRIZEPS

17. UMGEKEHRTE TISCHVERLEGUNG

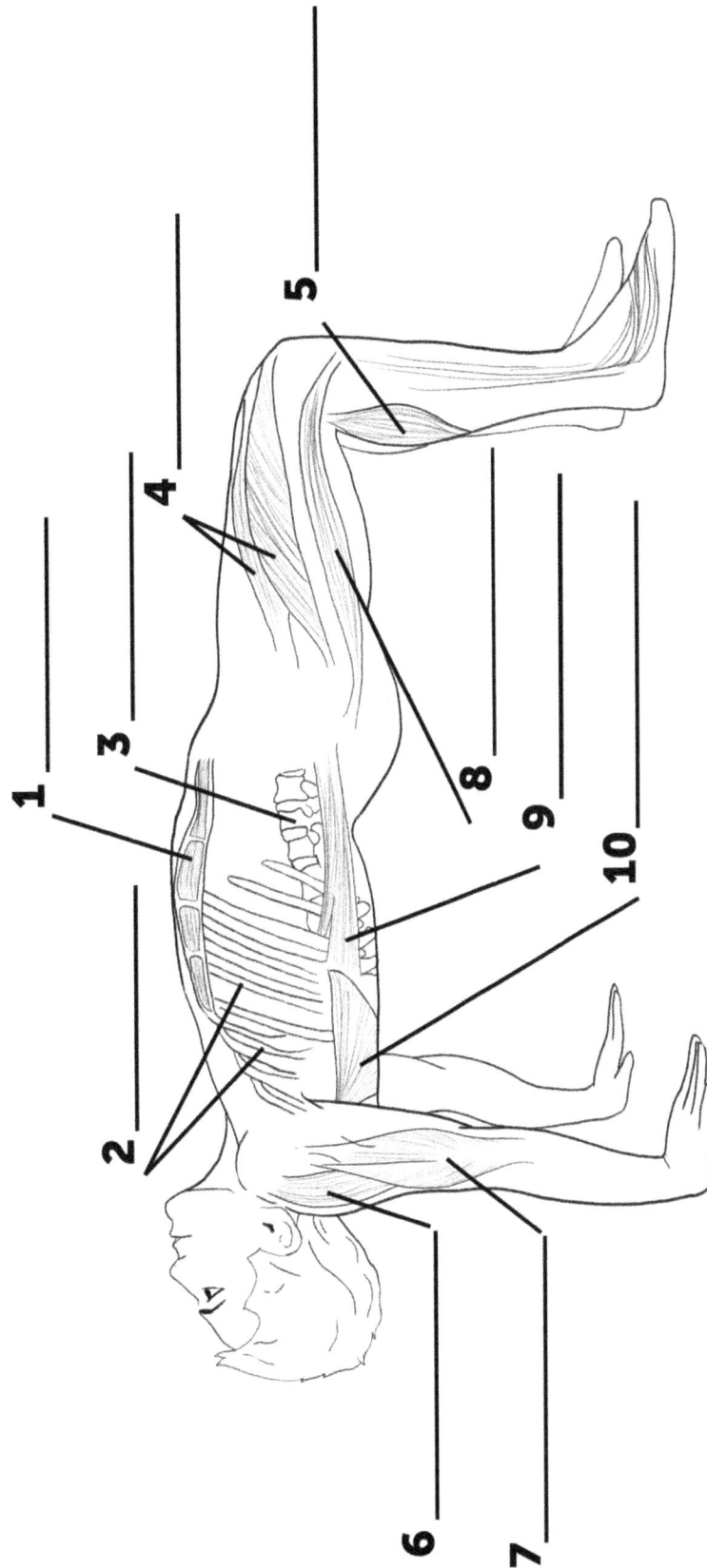

1

2

3

4

5

6

7

8

9

10

17. UMGEKEHRTE TISCHVERLEGUNG

1. REKTUS ABDOMINIS

2. KÜSTEN

3. WIRBELSÄULE

4. QUADRIZEPS

5. GASTROKNISTER

6. DELTOID

7. TRIZEPS BRACHII

8. HAMSTRINGS

9. EREKTOR SPINAE

10. INFRASPINATUS

18. INSTALLATION DER SPHINX

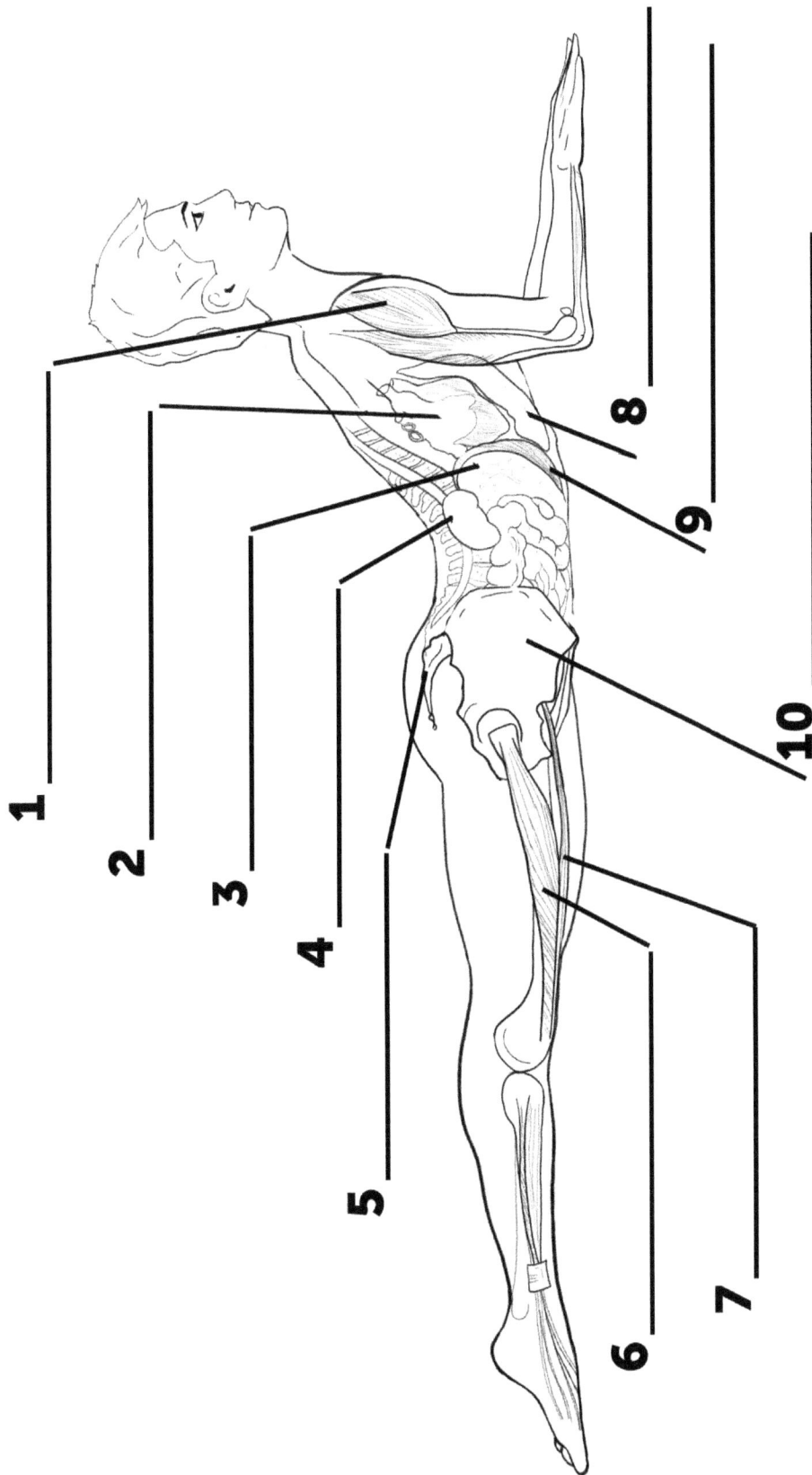

1

2

3

4

5

6

7

8

9

10

18. INSTALLATION DER SPHINX

1. DELTOID

2. HERZ

3. LEBER

4. NIERE

5. KREUZBEIN

6. RECTUS FEMORIS (OBERSCHENKELMUSKEL)

7. SARTORIUS

8. LUNGE

9. BLENDE

10. EINZUGSGEBIET

19. VERLEGUNG DER KOBRA

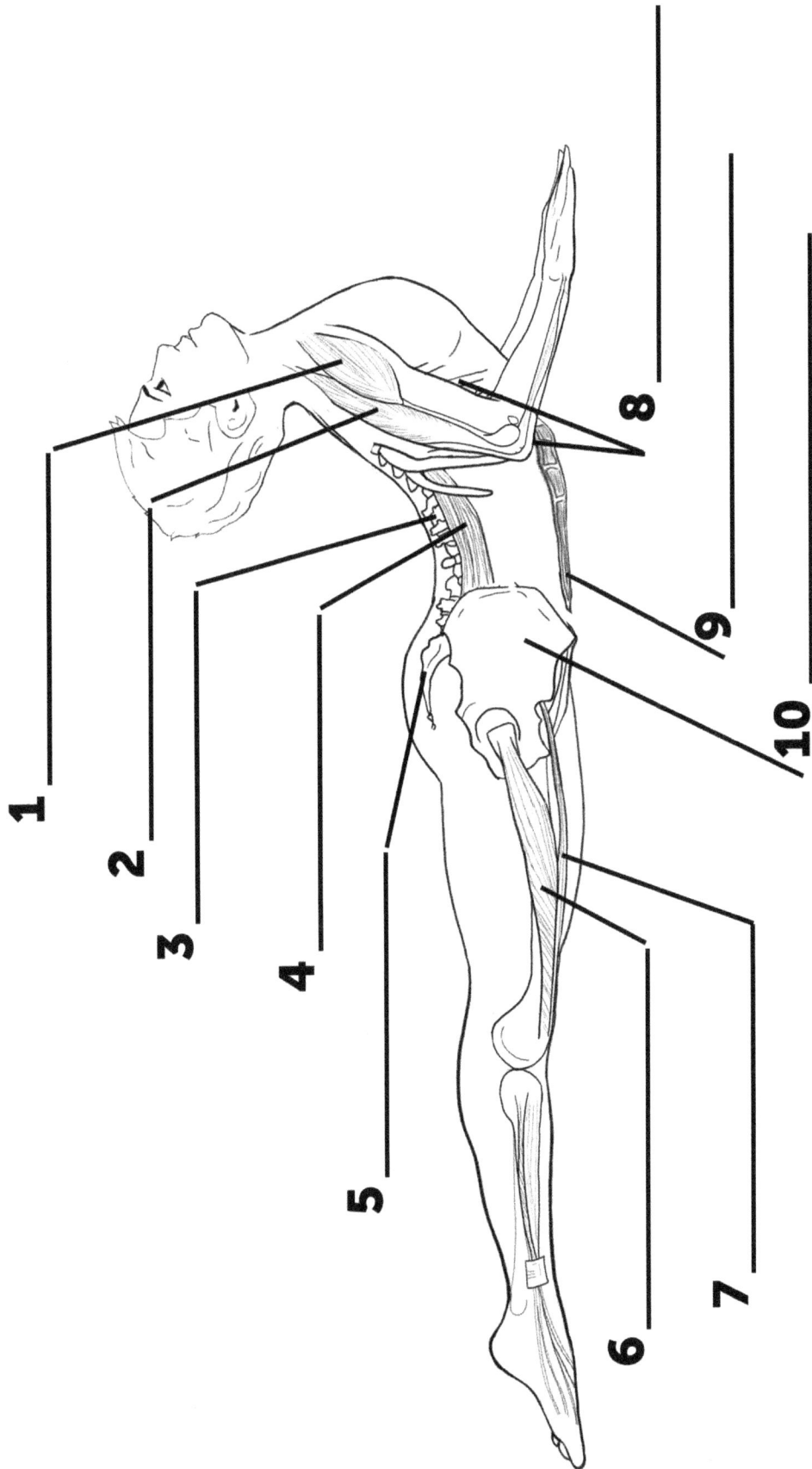

1

2

3

4

5

6

7

8

9

10

19. VERLEGUNG DER KOBRA

1. DELTOID

2. TRIZEPS BRACHII

3. WIRBELSÄULE

4. EREKTOR SPINAE

5. KREUZBEIN

6. RECTUS FEMORIS (OBERSCHENKELMUSKEL)

7. SARTORIUS

8. KÜSTEN

9. REKTUS ABDOMINIS

10. EINZUGSGEBIET

20. MONTAGE DER GROßEN ZEHE

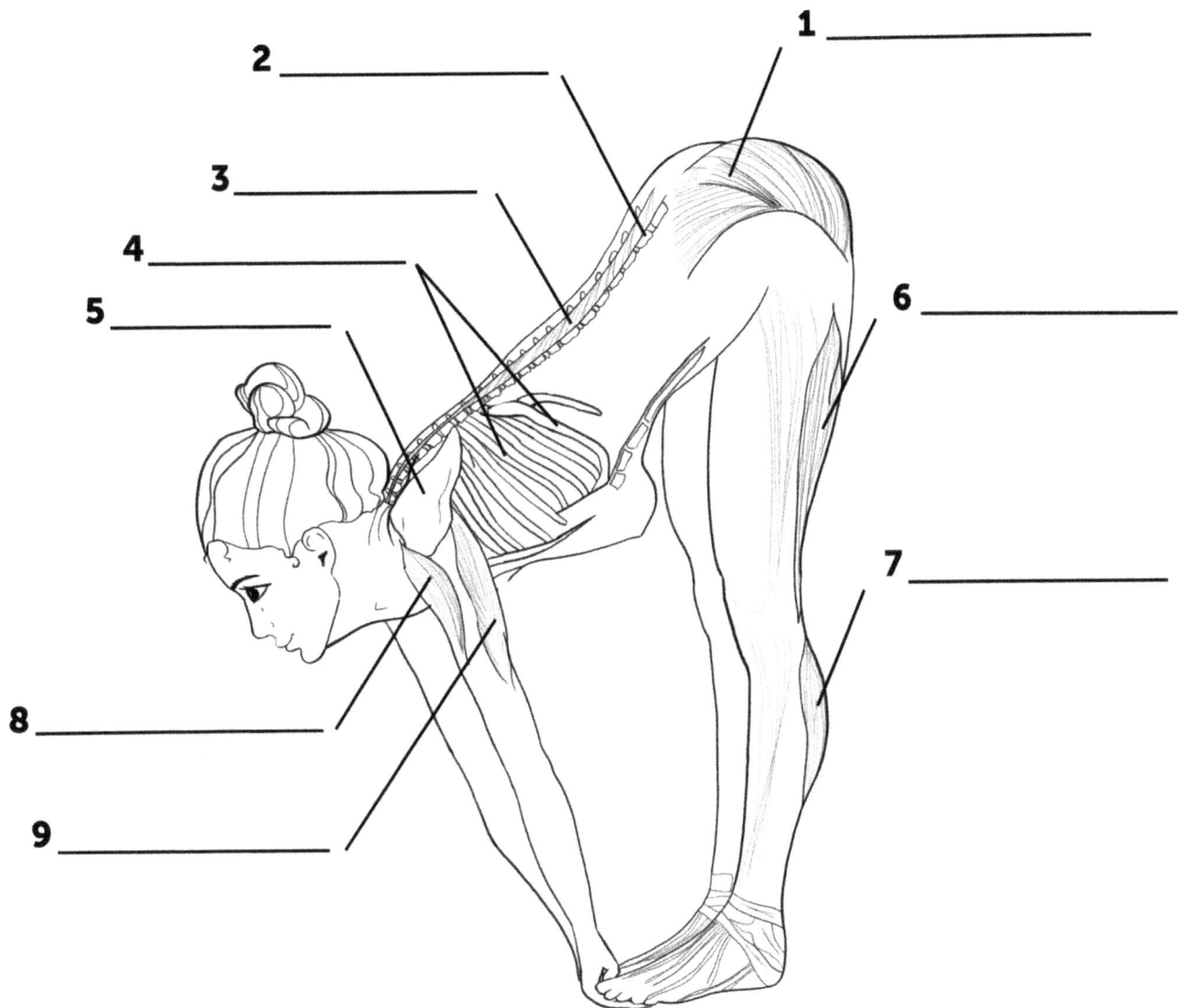

1 _____

2 _____

3 _____

4 _____

5 _____

6 _____

7 _____

8 _____

9 _____

20. MONTAGE DER GROßEN ZEHE

1. PIRIFORMIS

2. WIRBELSÄULE

3. MUSKELN DER WIRBELSÄULE

4. KÜSTEN

5. SCHULTERBLATT

6. HAMSTRINGS

7. GASTROKNISTER

8. DELTOID

9. TRIZEPS BRACHII

21. POSE DES KINDES

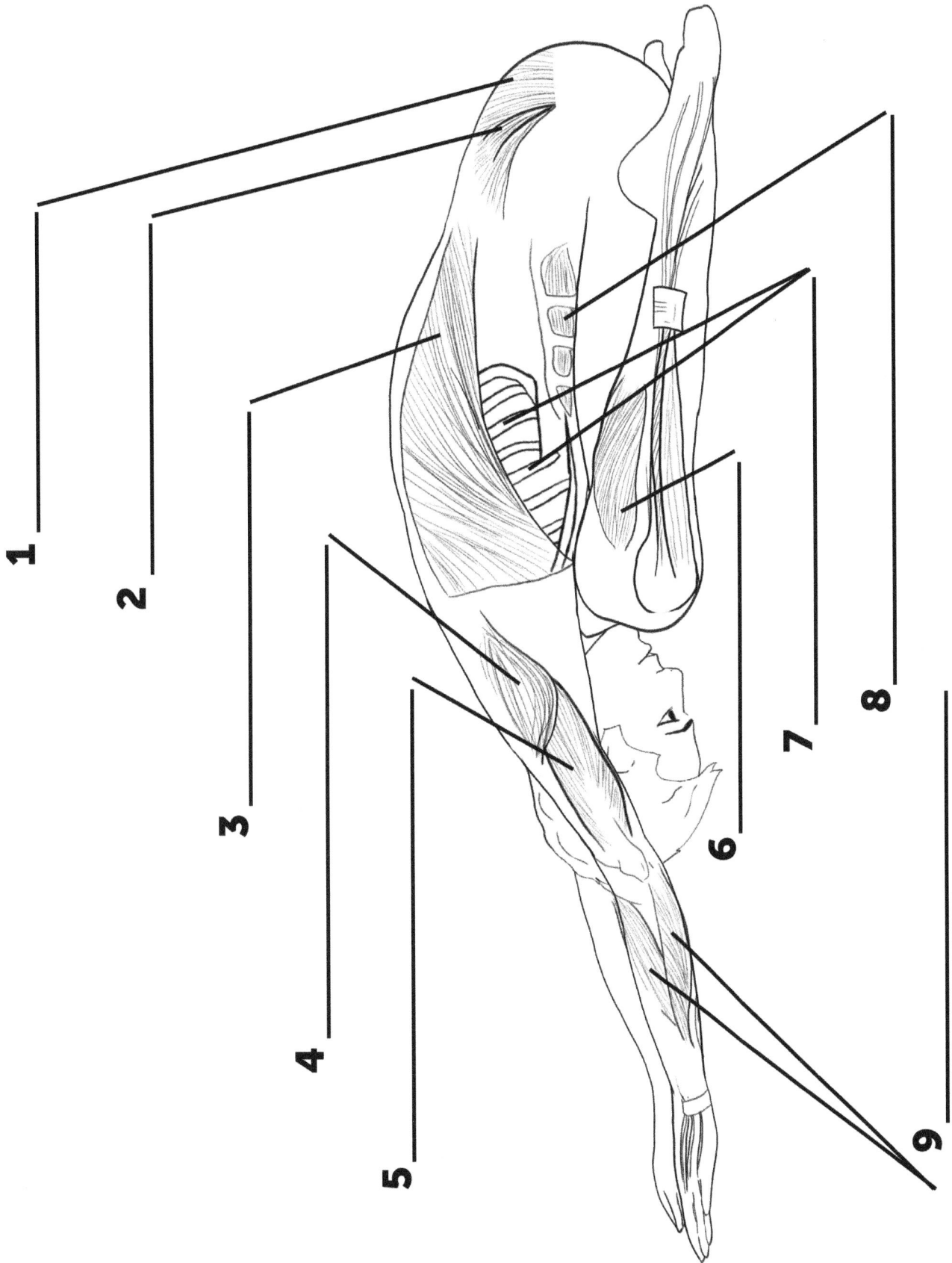

1

2

3

4

5

6

7

8

9

21. POSE DES KINDES

1. MAXIMALES GESÄß

2. PIRIFORMIS

3. LATISSIMUS DORSI

4. DELTOID

5. TRIZEPS BRACHII

6. GASTROKNISTER

7. KÜSTEN

8. REKTUS ABDOMINIS

9. PRONATOREN

22. EINBEINIGER BOOTSBESCHLAG

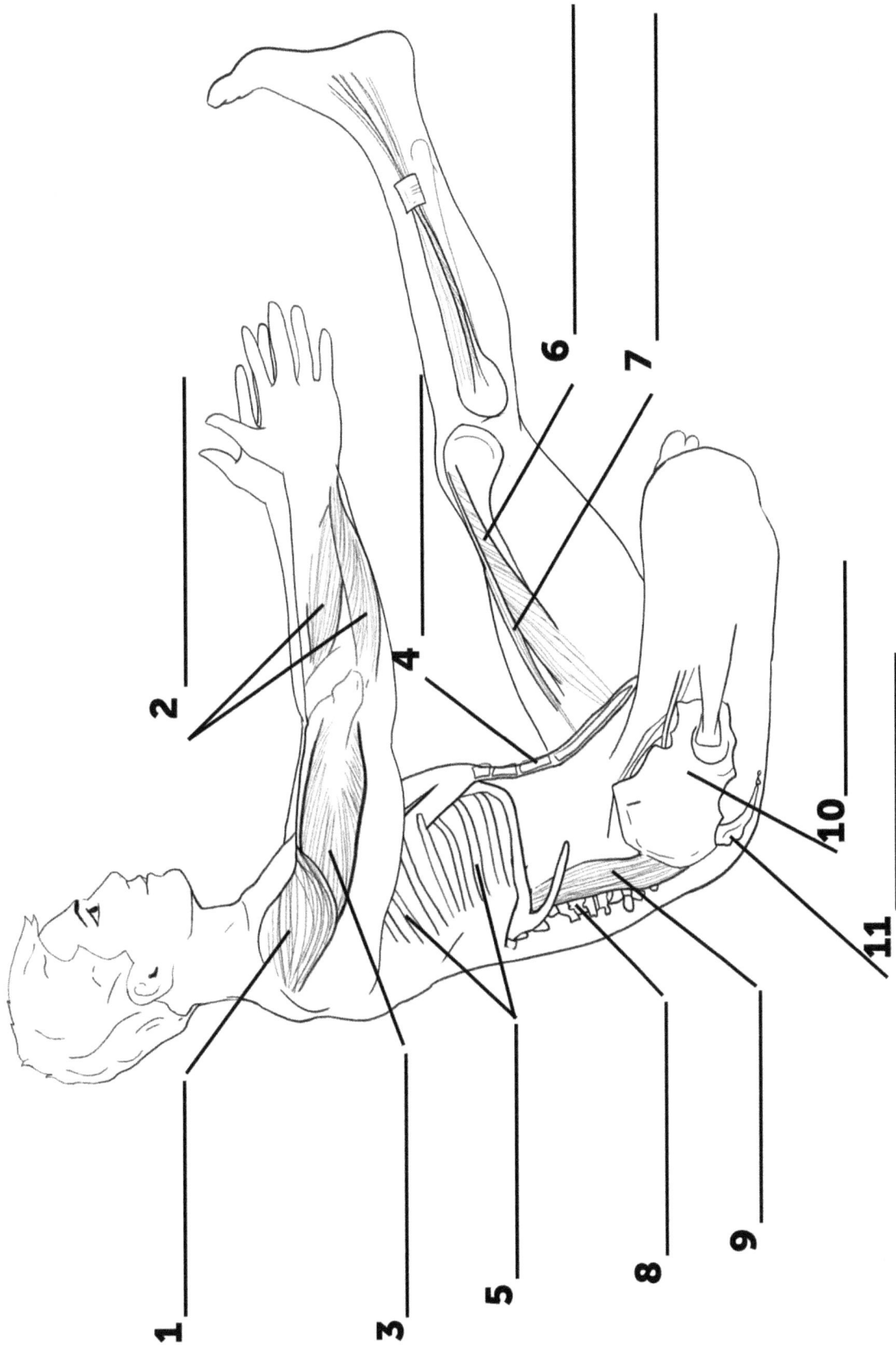

1

2

3

4

5

6

7

8

9

10

11

22. EINBEINIGER BOOTSBESCHLAG

1. DELTAMUSKEL
2. PRONATOREN
3. TRIZEPS BRACHII
4. REKTUS ABDOMINIS
5. KÜSTEN
6. RECTUS FEMORIS (OBERSCHENKELMUSKEL)
7. SARTORIUS
8. WIRBELSÄULE
9. EREKTOR SPINAE
10. BASSIN
11. KREUZBEIN

23. DELFIN-POSE

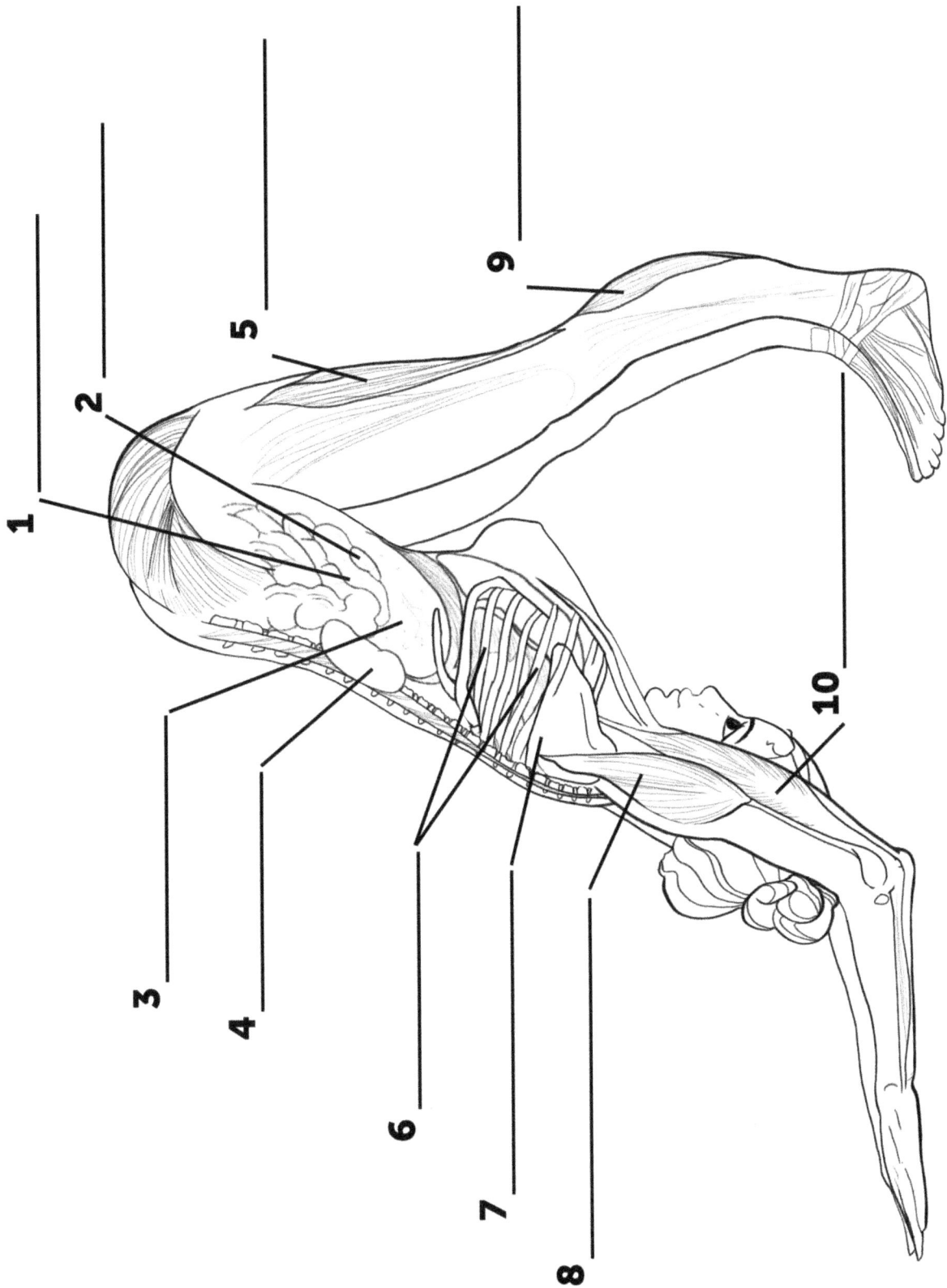

23. DELFIN-POSE

1. MAGEN
2. GALLENBLASE
3. LEBER
4. NIERE
5. HAMSTRINGS
6. KÜSTEN
7. SCHULTERBLATT
8. DELTOID
9. GASTROKNISTER
10. TRIZEPS BRACHII

24. VERLEGUNG EINER BRÜCKE

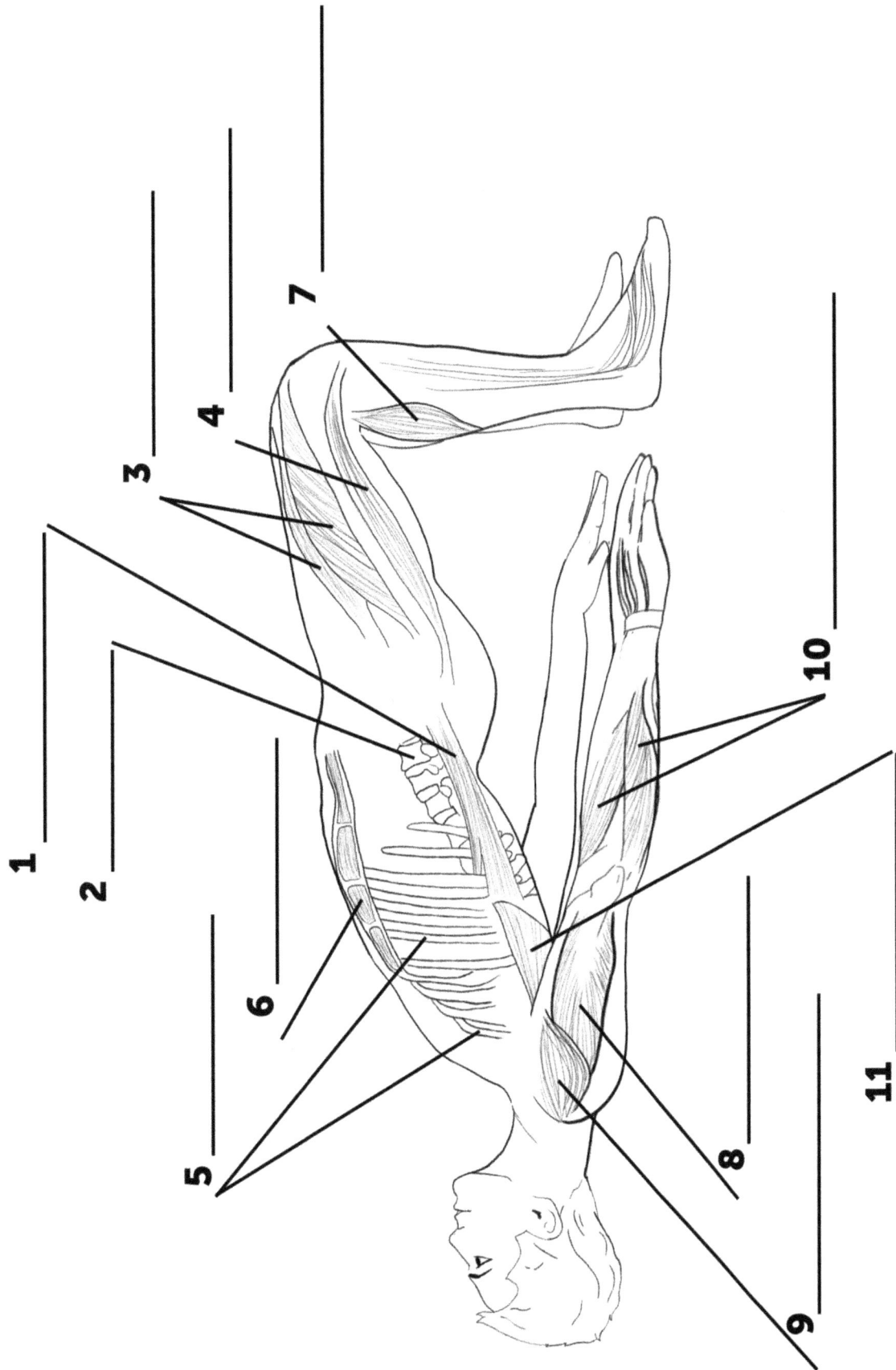

24. VERLEGUNG EINER BRÜCKE

1. EREKTOR SPINAE

2. WIRBELSÄULE

3. QUADRIZEPS

4. HAMSTRINGS

5. KÜSTEN

6. REKTUS ABDOMINIS

7. GASTROKNISTER

8. TRIZEPS BRACHII

9. DELTOID

10. PRONATOREN

11. INFRASPINATUS

25. GIRLANDE VERLEGEN

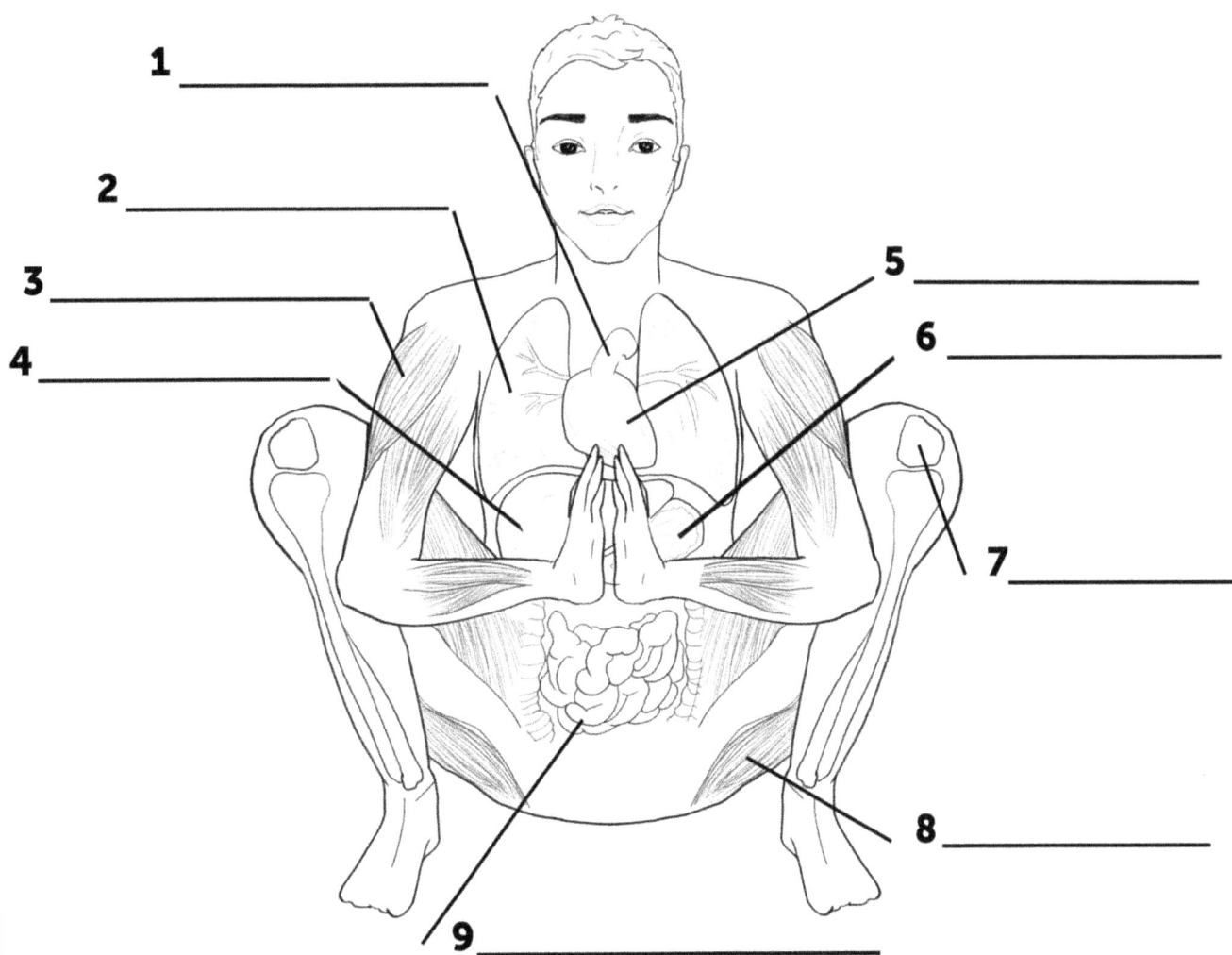

1 _____

2 _____

3 _____

4 _____

5 _____

6 _____

7 _____

8 _____

9 _____

25. POSE DE GUIRLANDE

1. AORTA

2. LUNGE

3. TRIZEPS BRACHII

4. LEBER

5. HERZ

6. MAGEN

7. PATELLA

8. HAMSTRINGS

9. DÜNNDARM-SPULEN

26. HUND MIT BLICK NACH UNTEN

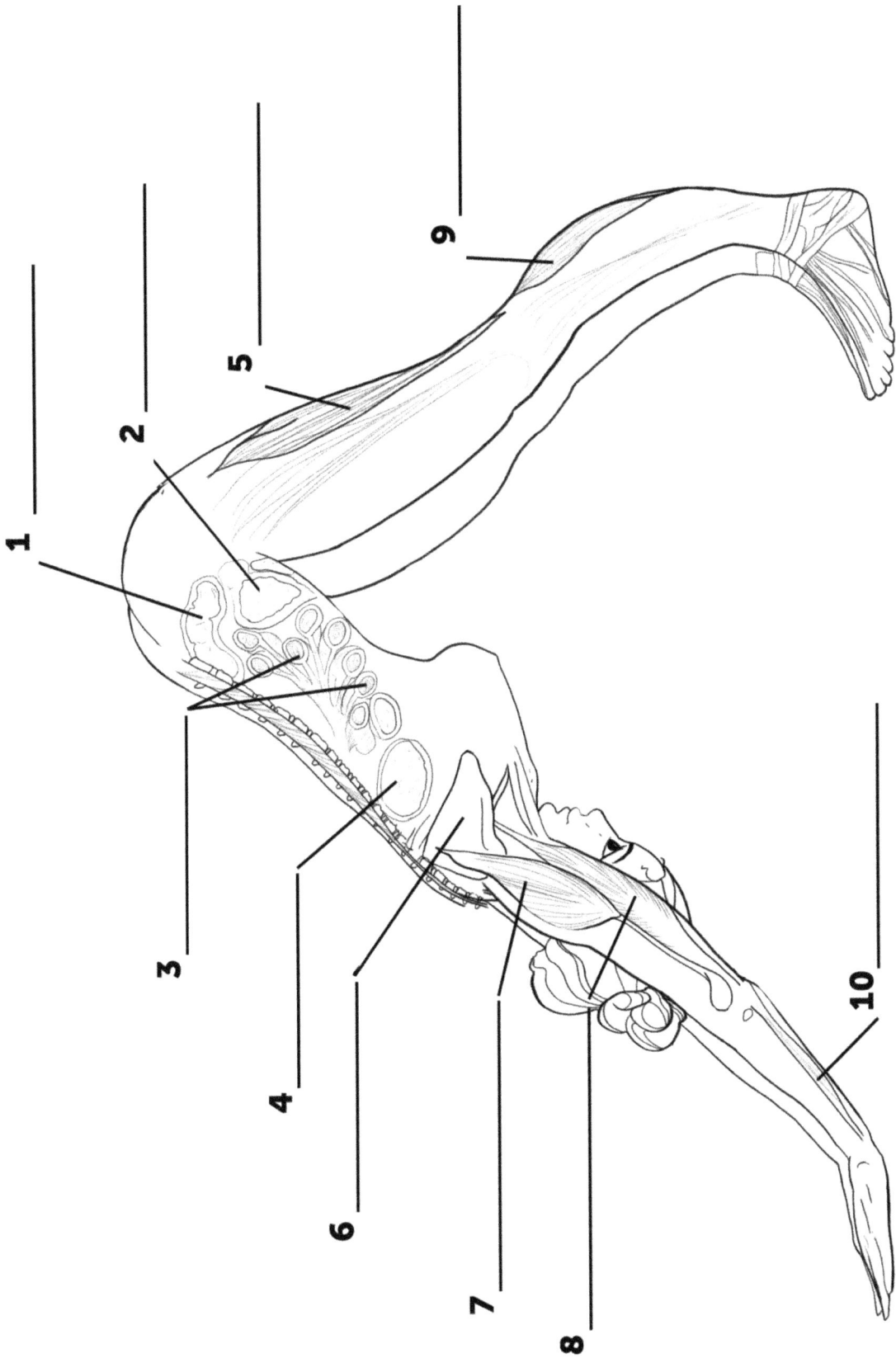

26. HUND MIT BLICK NACH UNTEN

1. REKTUM
2. BLASE
3. DEN DÜNNDARM
4. MAGEN
5. HAMSTRINGS
6. SCHULTERBLATT
7. DELTOID
8. TRIZEPS BRACHII
9. GASTROKNISTER
10. PRONATOREN

27. VERLEGEN DER PLATTE

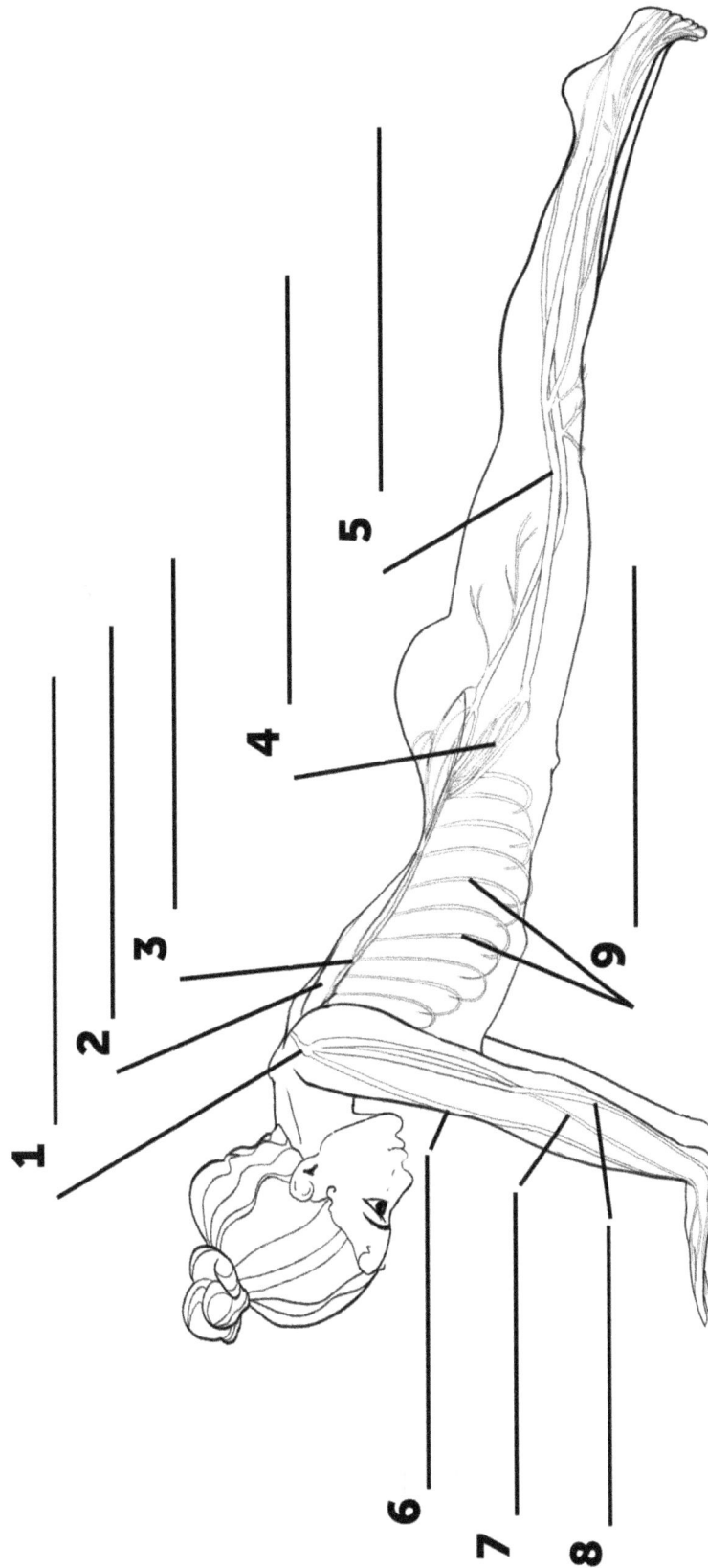

27. VERLEGEN DER PLATTE

1. PLEXUS BRACHIALIS

2. RÜCKENMARK

3. VAGUS

4. LUMBALPLEXUS

5. ISCHIAS

6. ULNAR

7. MEDIAN

8. RADIAL

9. INTERCOSTALES

28. CHATURANGA

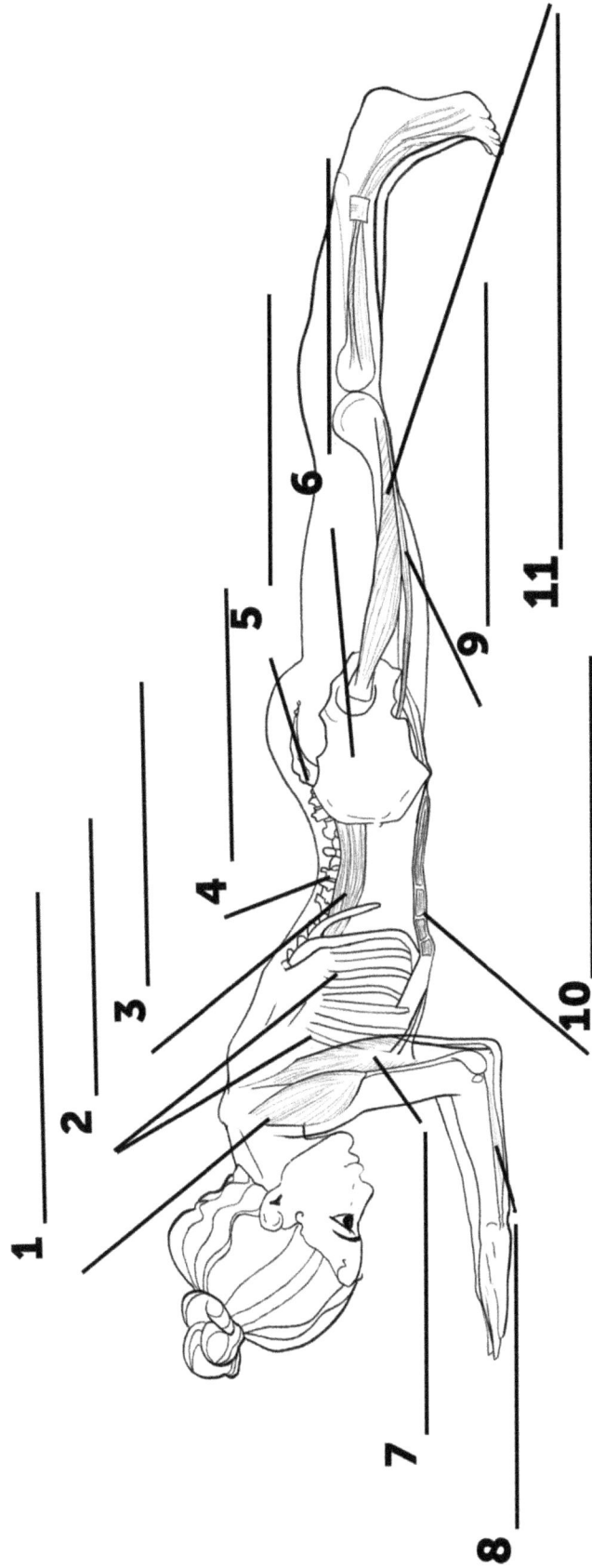

28. CHATURANGA

1. DELTOID

2. KÜSTEN

3. EREKTOR SPINAE

4. WIRBELSÄULE

5. KREUZBEIN

6. BECKEN

7. TRIZEPS BRACHII

8. PRONATOREN

9. SARTORIUS

10. REKTUS ABDOMINIS

11. RECTUS FEMORIS (OBERSCHENKELMUSKEL)

29. HUND MIT BLICK NACH OBEN

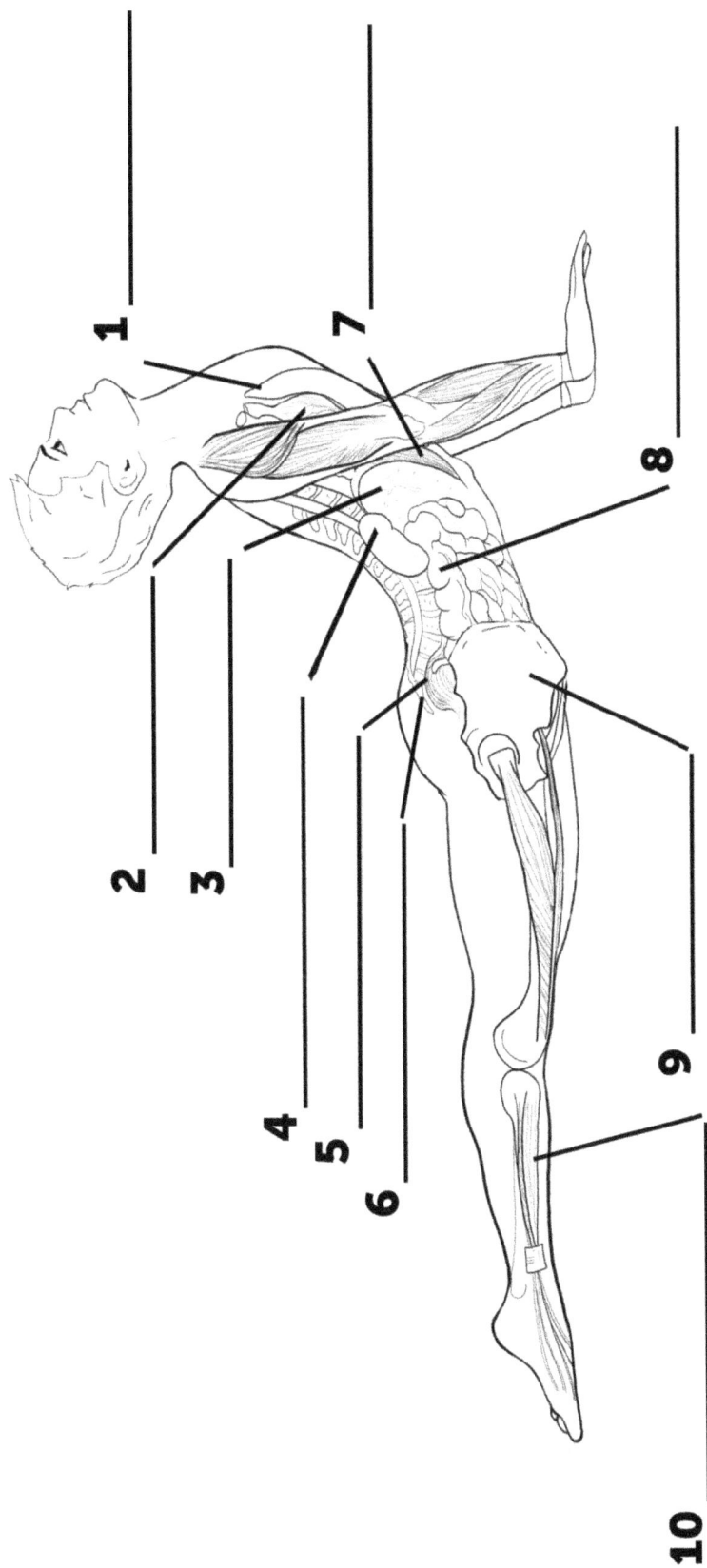

29. HUND MIT BLICK NACH OBEN

1. LUNGE
2. HERZ
3. LEBER
4. NIERE
5. REKTUM
6. KREUZBEIN
7. BLENDE
8. AUFSTEIGENDER DICKDARM
9. BASSIN
10. TIBIALIS ANTERIOR

30. INSTALLATION DER WINDABFUHR

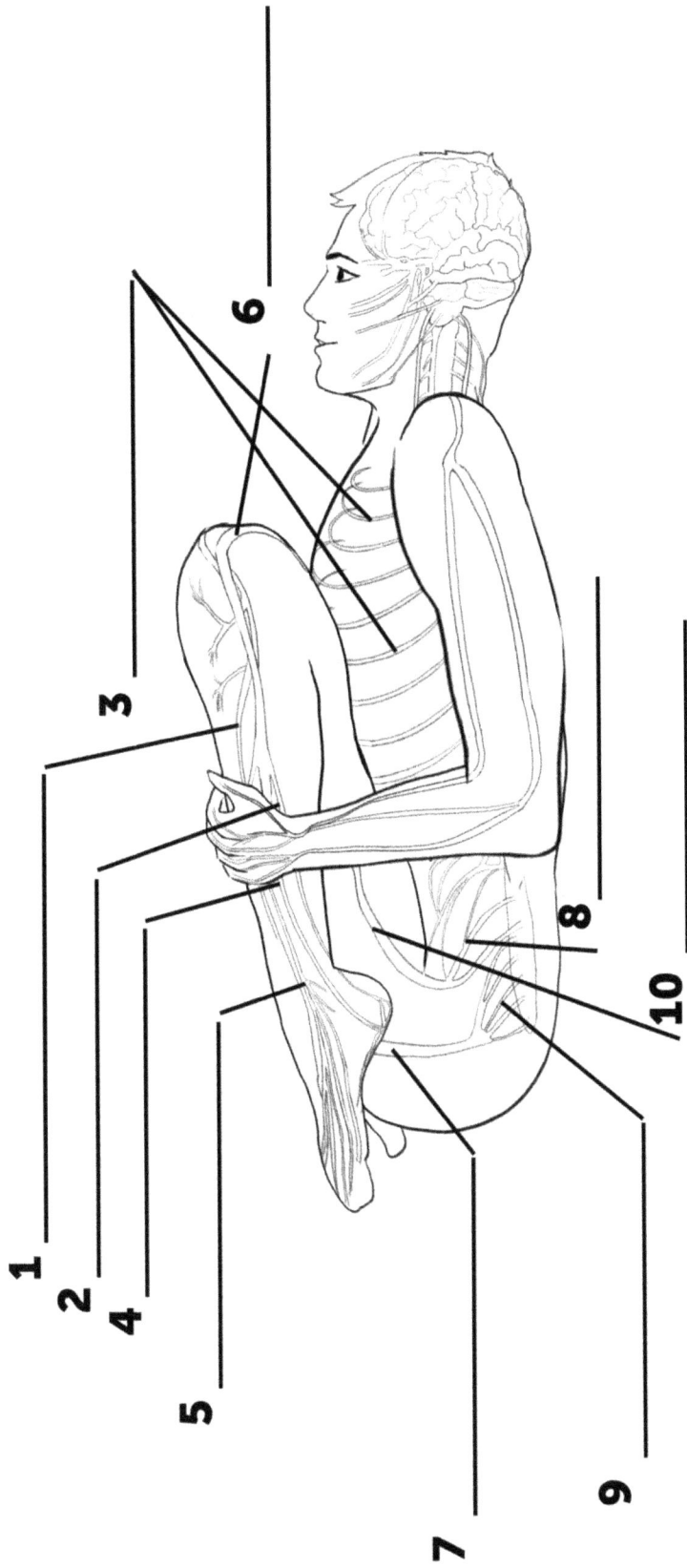

1
2
4
5
7
3
6
8
10
9

30. POSE D'ELIMINATION DU VENT

1. VENA SAPHENA MAGNA

2. GEMEINSAM PERONEUS

3. INTERCOSTALES

4. SCHIENBEIN

5. OBERFLÄCHLICHES PERONEUM

6. SCIANTICS

7. SCIANTICS

8. LUMBALPLEXUS

9. DAS HEILIGE KNOTENGEFLECHT

10. OBERSCHENKEL

31. ERHÖHTE BEINHALTUNG

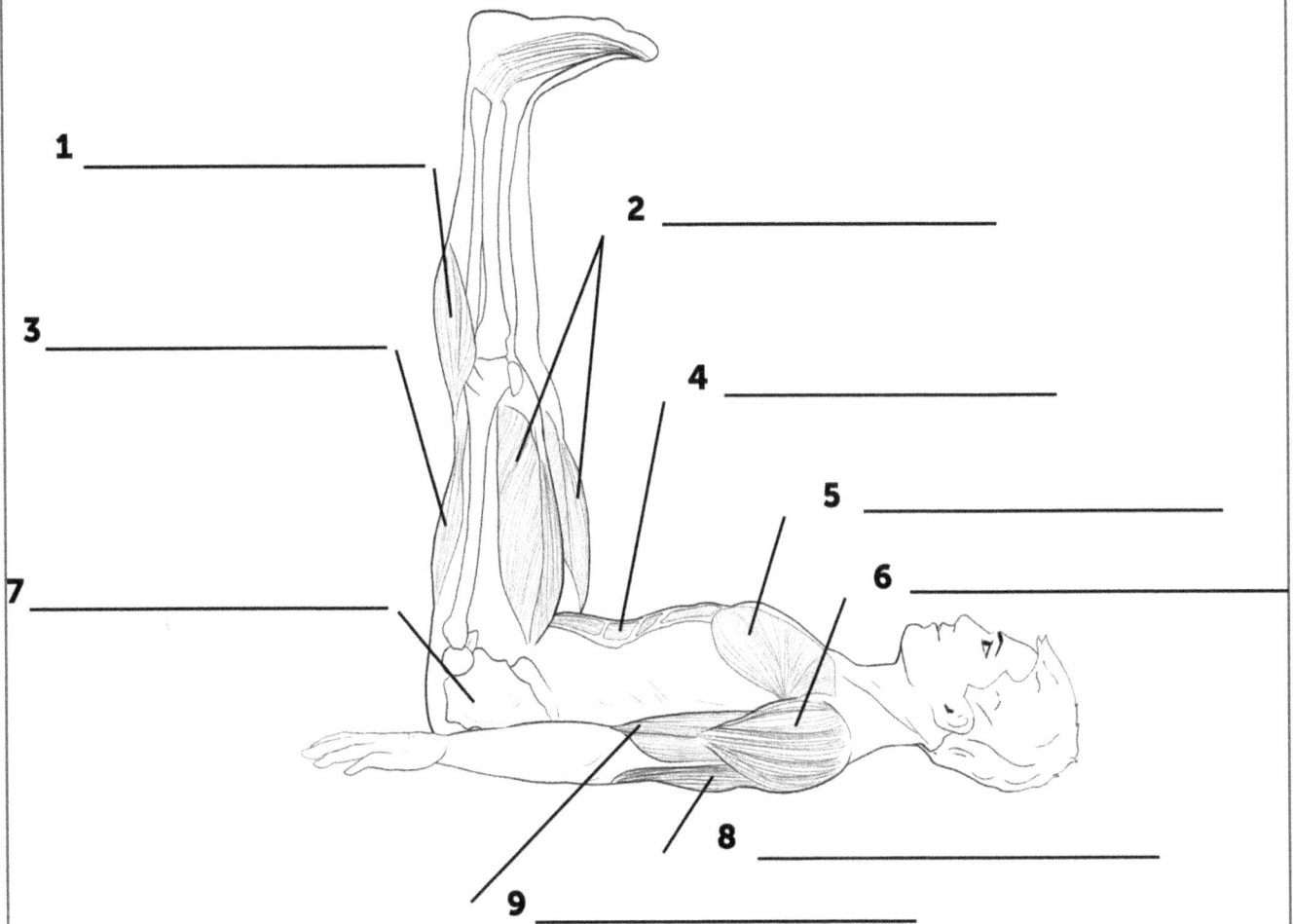

1 _____

2 _____

3 _____

4 _____

5 _____

6 _____

7 _____

8 _____

9 _____

31. ERHÖHTE BEINHALTUNG

1. GASTROKNISTER
2. QUADRIZEPS
3. HAMSTRINGS
4. REKTUS ABDOMINIS
5. PECTORALIS MAJOR
6. DELTOID
7. BECKEN
8. TRIZEPS BRACHII
9. BIZEPS BRACHII

32. AUFBAHRUNG EINER LEICHE

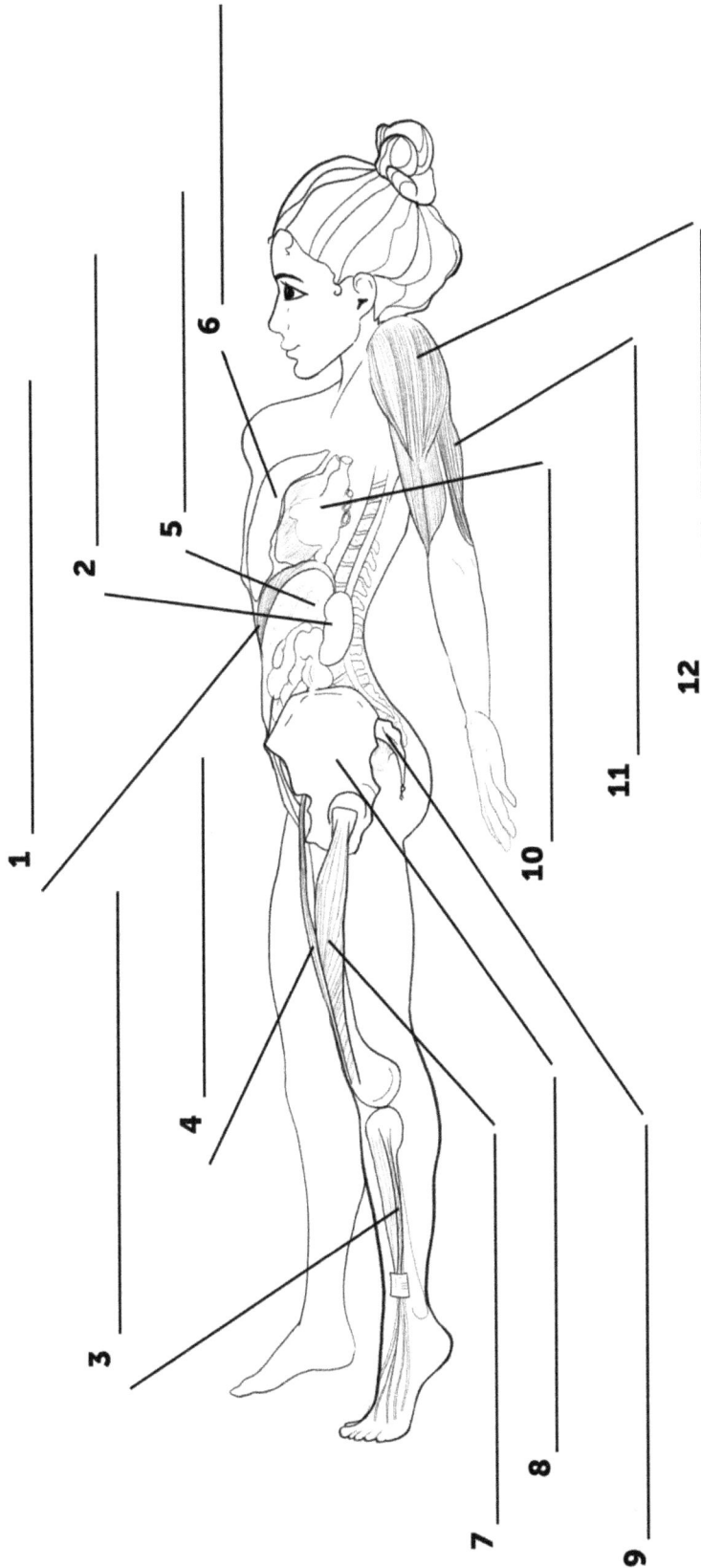

32. AUFBAHRUNG EINER LEICHE

1. BLENDE

2. NIERE

3. TIBIALIS ANTERIOR

4. SARTORIUS

5. LEBER

6. LUNGE

7. RECTUS FEMORIS (OBERSCHENKELMUSKEL)

8. BECKEN

9. KREUZBEIN

10. HERZ

11. TRIZEPS BRACHII

12. DELTAMUSKEL

33. ABLEGEN DER ERHOBENEN ARME

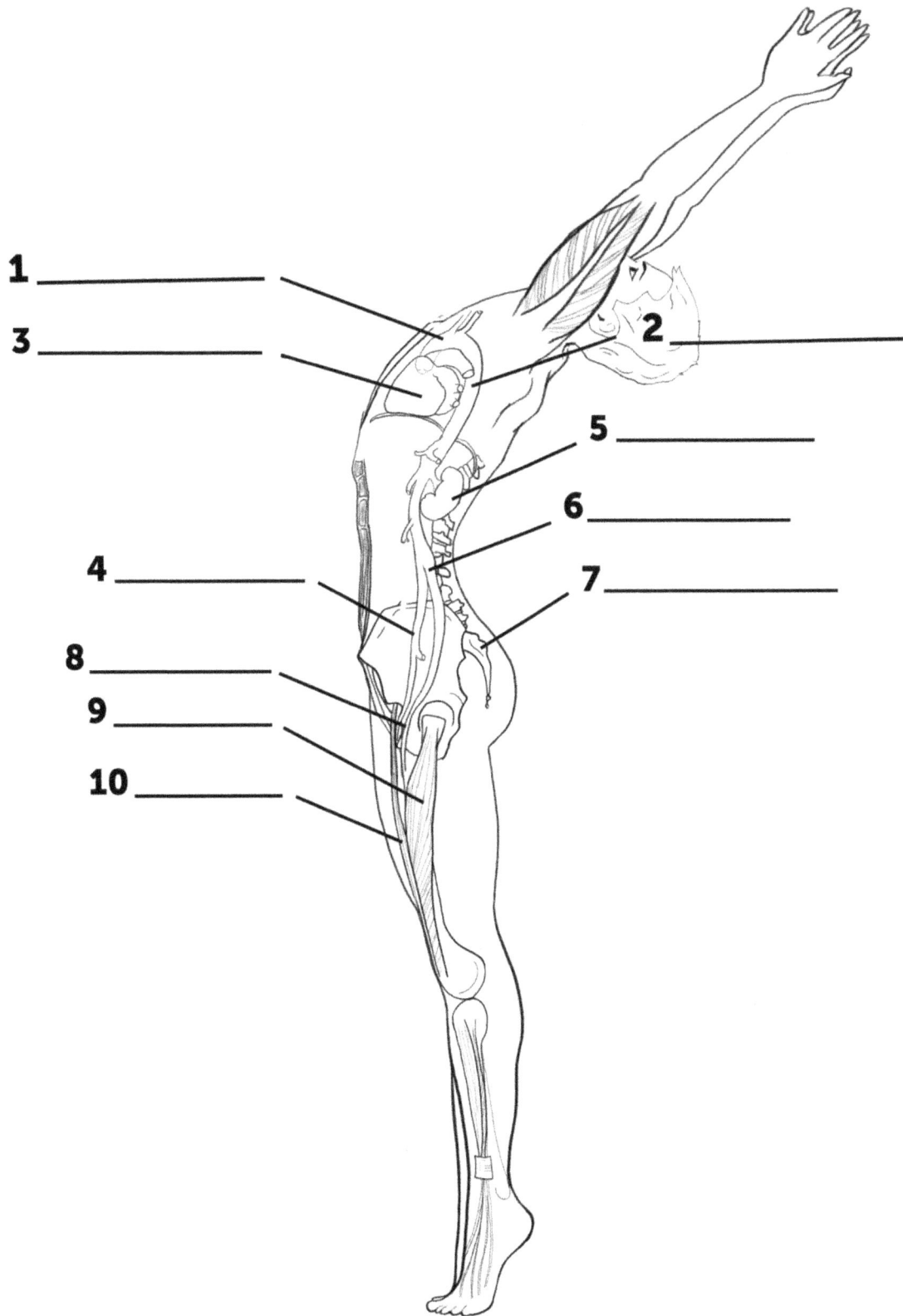

1 _____

3 _____

2 _____

5 _____

6 _____

4 _____

7 _____

8 _____

9 _____

10 _____

33. ABLEGEN DER ERHOBENEN ARME

1.   AUFSTEIGENDE THORAKALE AORTA

2.   ABSTEIGENDE THORAKALE AORTA

3.   HERZ

4.   ARTERIA ILIACA COMMUNIS

5.   NIERE

6.   ABDOMINAL-AORTA

7.   KREUZBEIN

8.   OBERSCHENKELARTERIE

9.   RECTUS FEMORIS (OBERSCHENKELMUSKEL)

10.   SARTORIUS

34. FROSCHPOSE

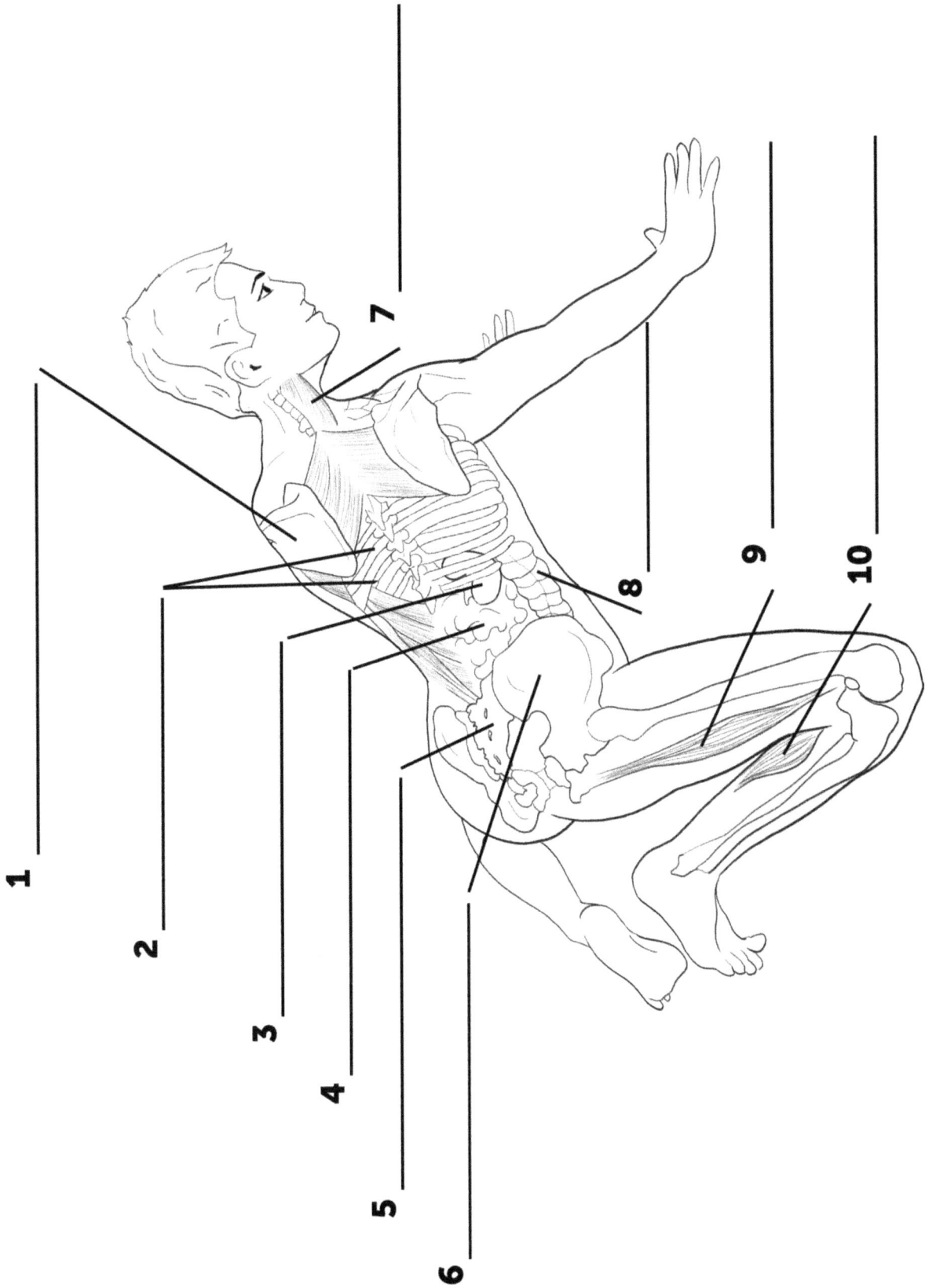

34. FROSCHPOSE

1. SCHULTERBLATT
2. KÜSTEN
3. NIERE
4. DÜNNDARMSPULEN
5. KREUZBEIN
6. BECKEN
7. SPLENIUS CAPITIS
8. AUFSTEIGENDER DICKDARM
9. HAMSTRINGS
10. GASTROCNEMIUS

35. HALBLOTUSVERLEGUNG

1 _____

2 _____

3 _____

4 _____

5 _____

6 _____

7 _____

8 _____

9 _____

35. HALBLOTUSVERLEGUNG

1. AORTA
2. HERZ
3. LUNGE
4. MAGEN
5. DÜNNDARM
6. LEBER
7. DER DICKDARM
8. PATELLA
9. GASTROKNISTER

36. GLÜCKLICHES BABY

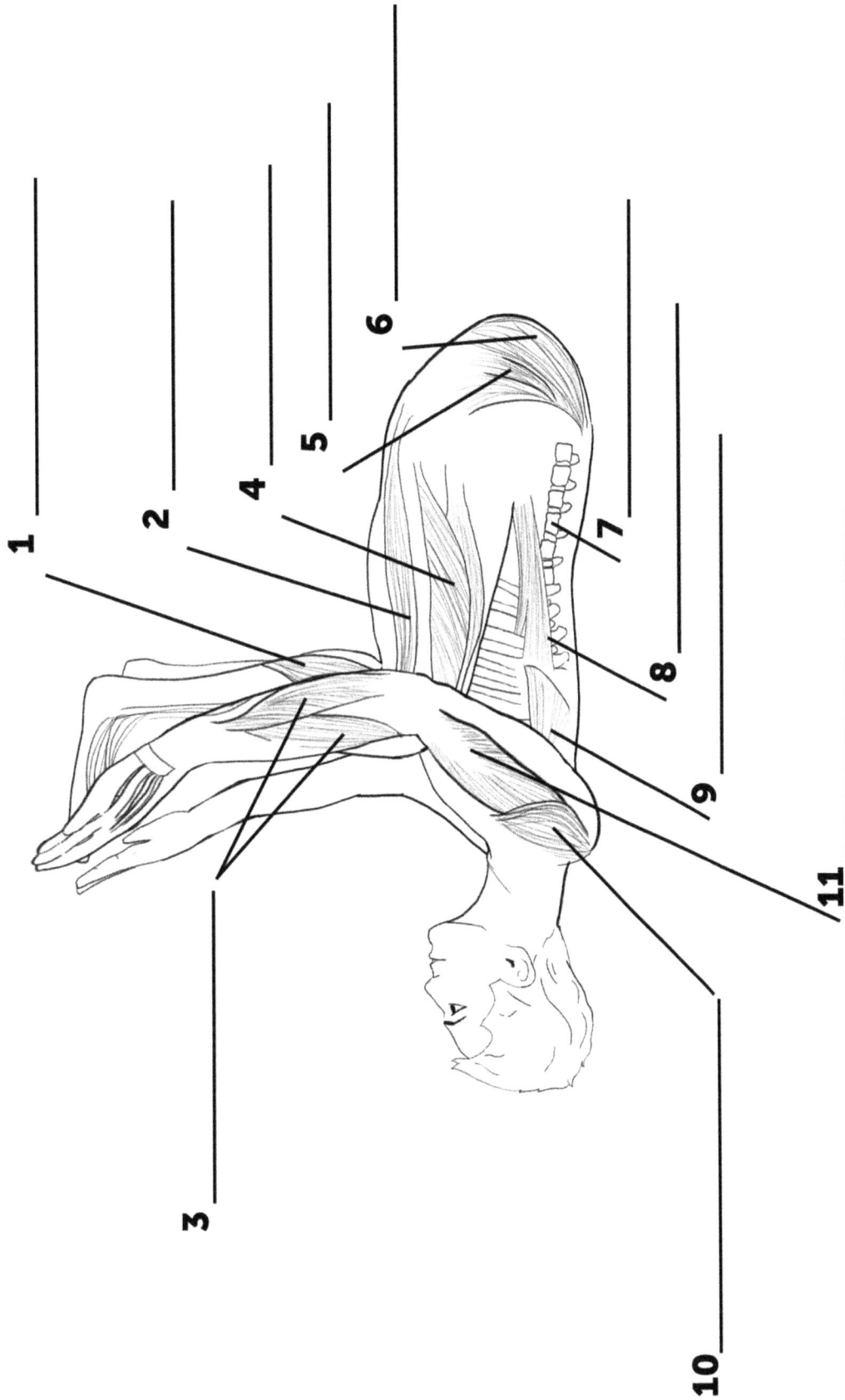

36. GLÜCKLICHES BABY

1.   GASTROKNISTER

2.   HAMSTRINGS

3.   PRONATOREN

4.   QUADRIZEPS

5.   PIRIFORMIS

6.   MAXIMALES GESÄß

7.   WIRBELSÄULE

8.   ERECTOR SPINAE

9.   INFRASPINATUS

10. DELTOID

11. TRIZEPS BRACHII

37. BEINE AN DER WAND

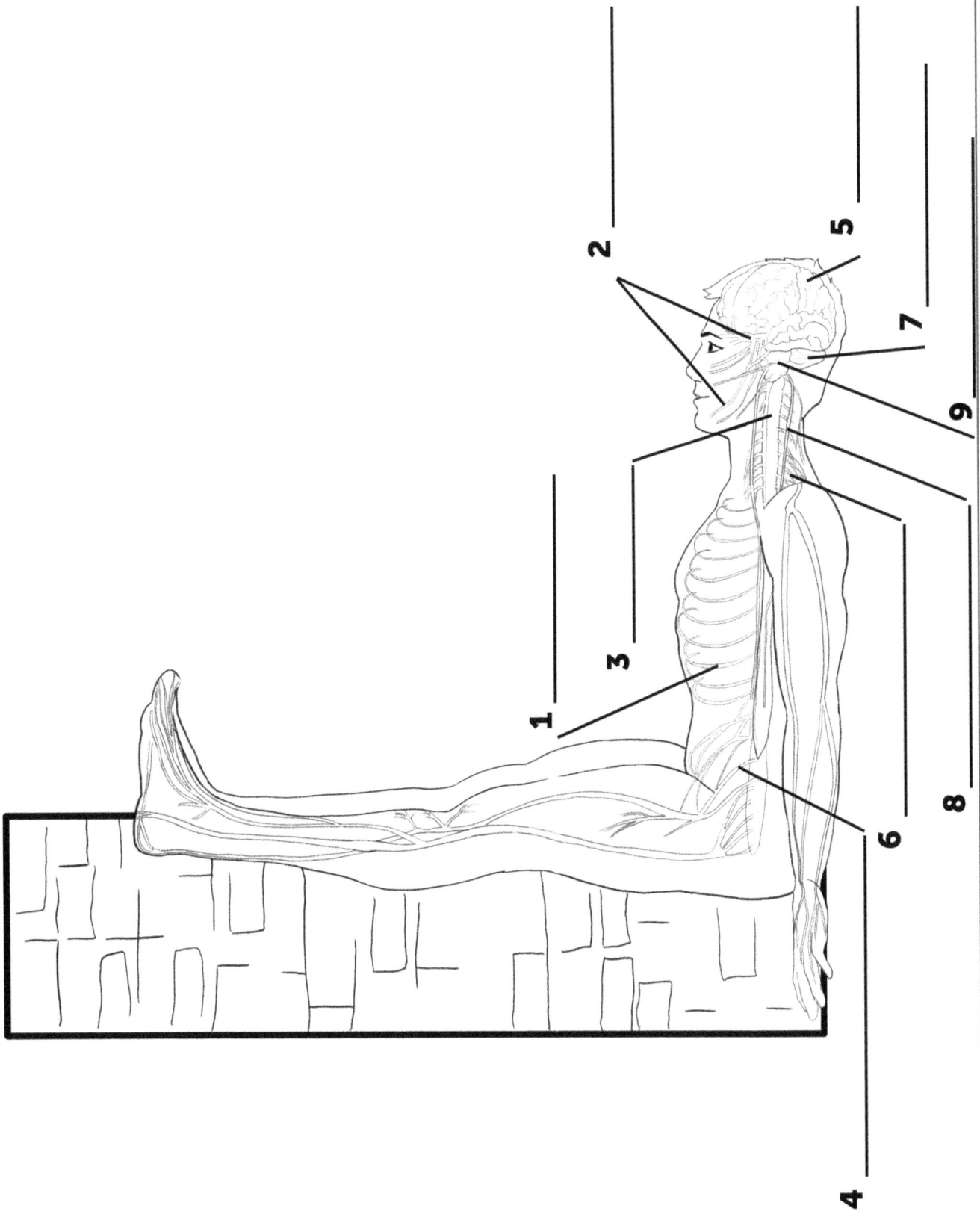

1

2

3

4

5

6

7

8

9

37. BEINE AN DER WAND

1. INTERCOSTALES
2. HIRNNERVEN
3. RÜCKENMARK
4. LUMBALPLEXUS
5. GEHIRN
6. PLEXUS BRACHIALIS
7. CERVELET
8. VAGUS
9. HIRNSTAMM

38. KAPALBHATI-POSE

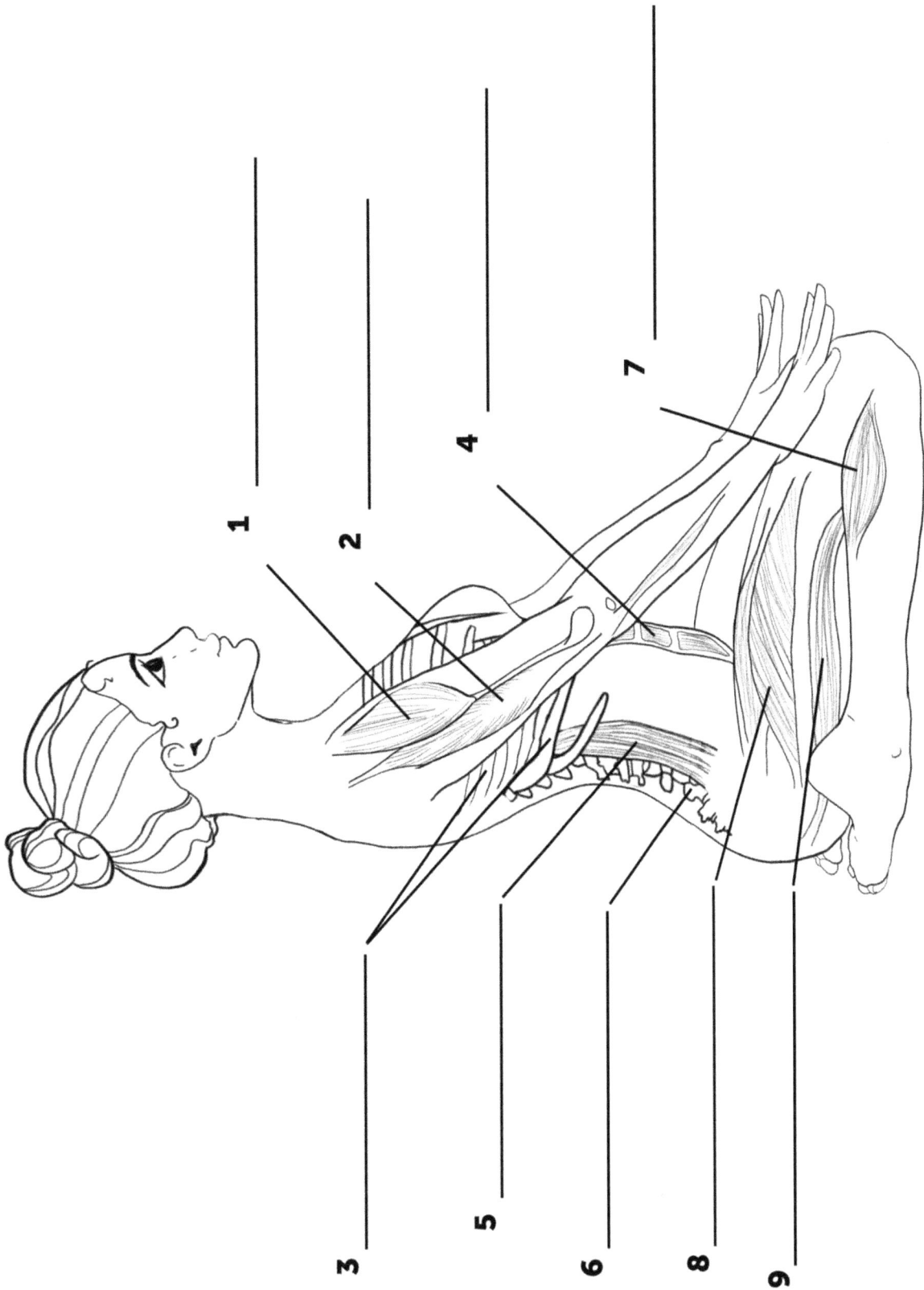

1

2

4

7

3

5

6

8

9

38. KAPALBHATI-POSE

1. DELTOID
2. TRIZEPS BRACHII
3. KÜSTEN
4. REKTUS ABDOMINIS
5. ERECTOR SPINAE
6. WIRBELSÄULE
7. GASTROKNISTER
8. QUADRIZEPS
9. ACHILLESSEHNEN

39. LEGEN VON HEUSCHRECKEN

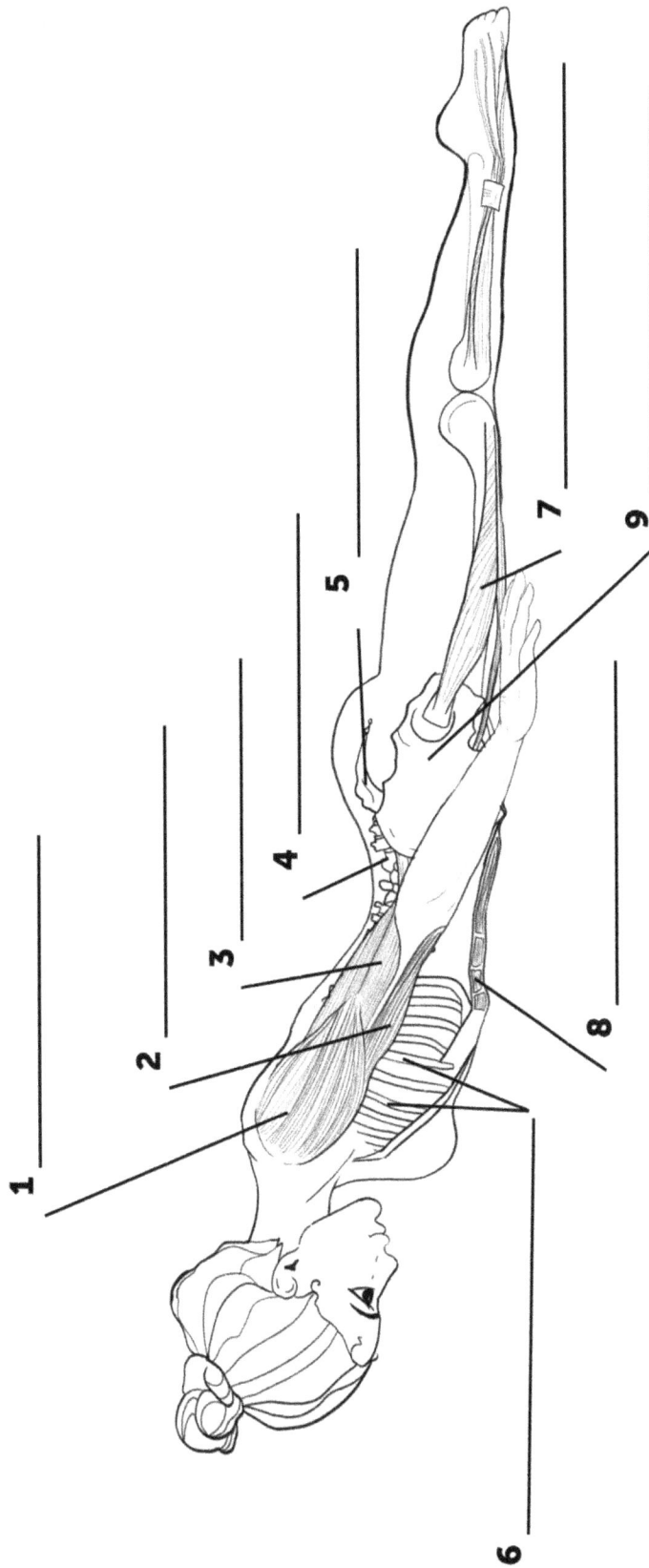

39. LEGEN VON HEUSCHRECKEN

1.   DELTOID

2.   BIZEPS BRACHII

3.   TRIZEPS BRACHII

4.   WIRBELSÄULE

5.   KREUZBEIN

6.   KÜSTEN

7.   RECTUS FEMORIS (OBERSCHENKELMUSKEL)

8.   REKTUS ABDOMINIS

9.   EINZUGSGEBIET

40. VERLÄNGERTE WELPEN-POSE

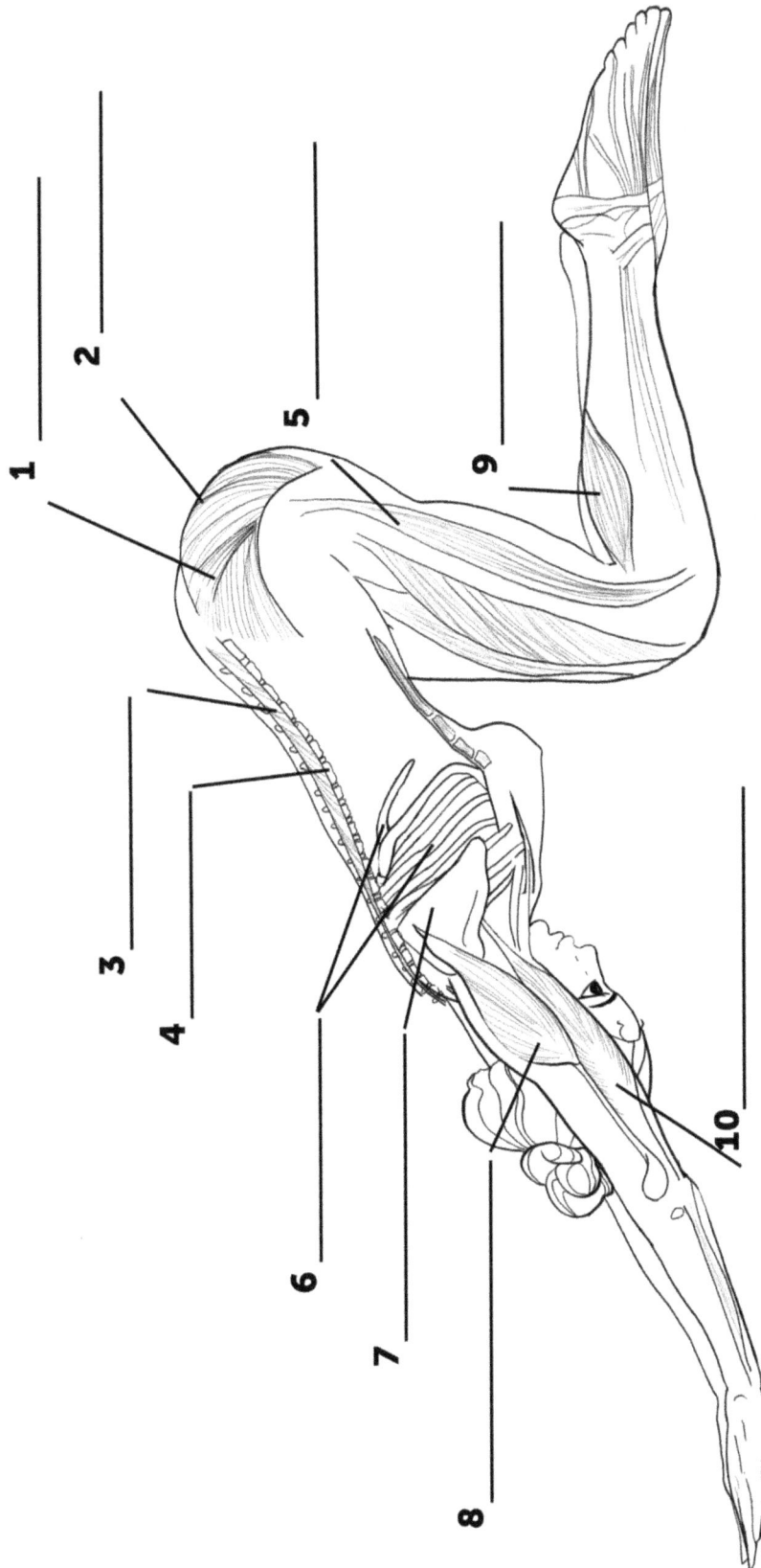

40. VERLÄNGERTE WELPEN-POSE

1. PIRIFORMIS
2. MAXIMALES GESÄß
3. MUSKELN DER WIRBELSÄULE
4. WIRBELSÄULE
5. HAMSTRINGS
6. KÜSTEN
7. SCHULTERBLATT
8. DELTOID
9. GASTROKNISTER
10. TRIZEPS BRACHII

41. KLEINE LÜCKE

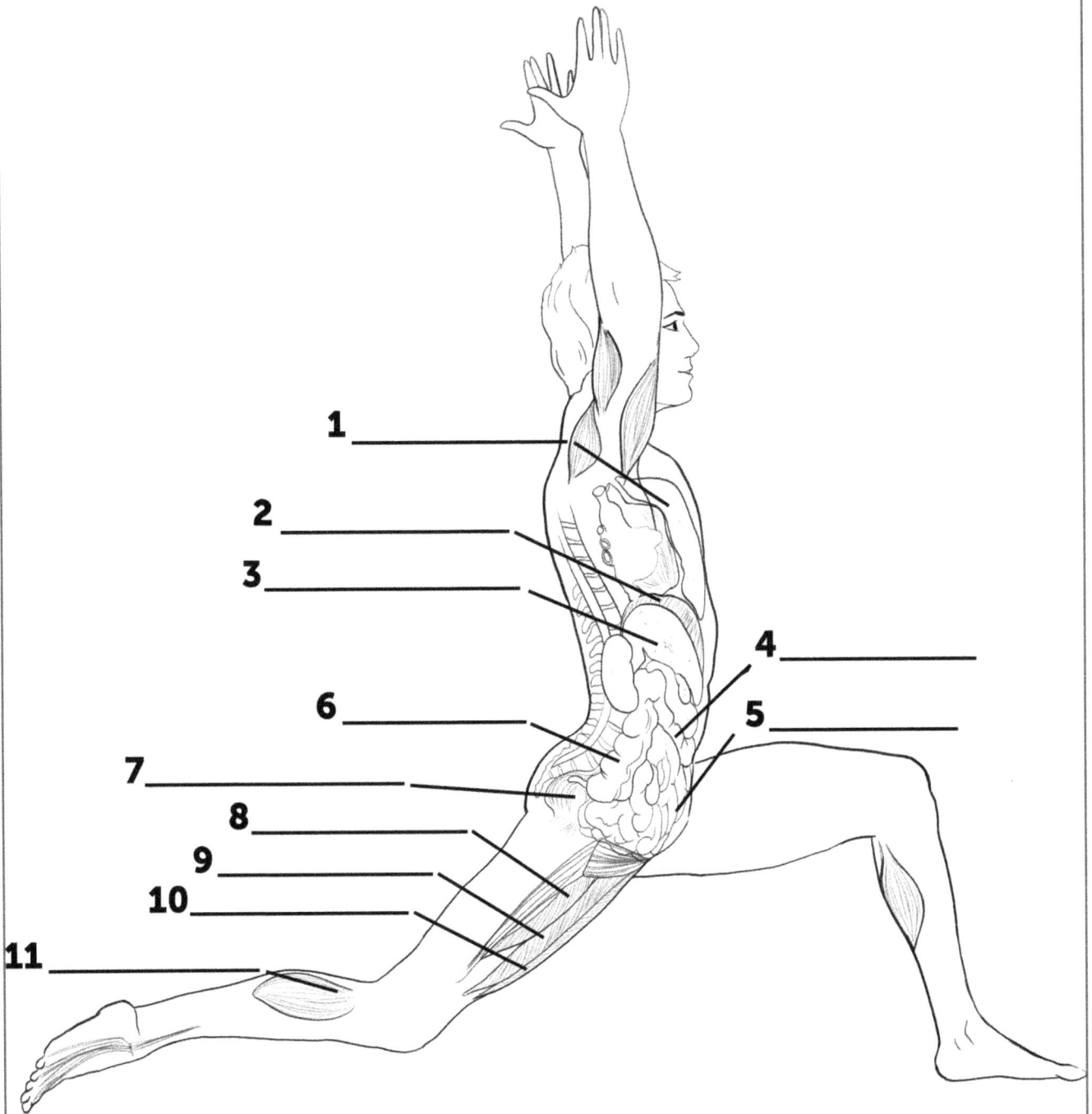

1 _____

2 _____

3 _____

4 _____

5 _____

6 _____

7 _____

8 _____

9 _____

10 _____

11 _____

41. KLEINE LÜCKE

1. LUNGE
2. BLENDE
3. LEBER
4. QUERKOLON
5. DÜNNDARMSPULEN
6. AUFSTEIGENDER DICKDARM
7. REKTUM
8. VASTUS LATERALIS
9. RECTUS FEMORIS (OBERSCHENKELMUSKEL)
10. VASTUS MEDIALIS
11. GASTROKNISTER

42. GROßE LÜCKE

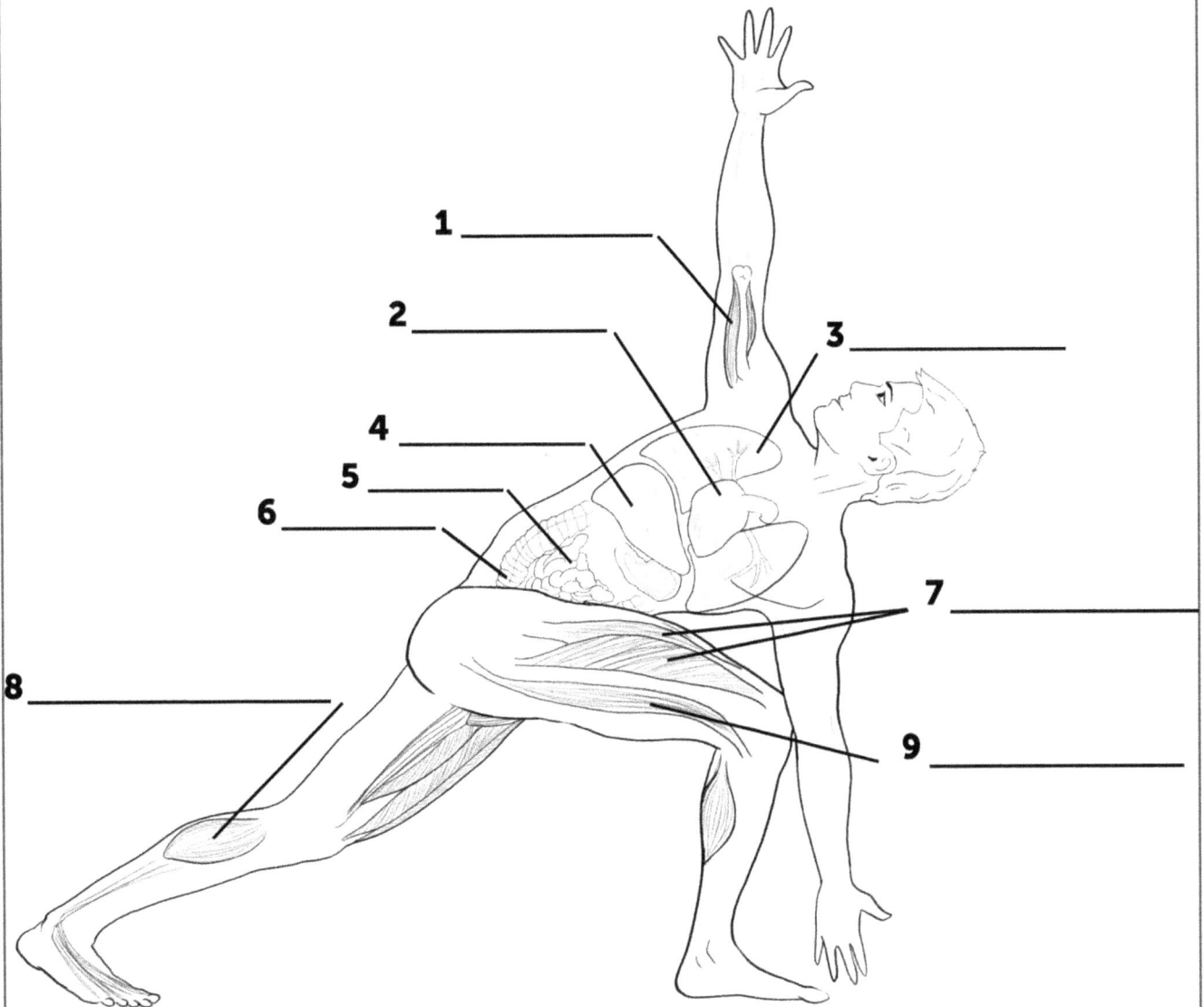

1 _____

2 _____

3 _____

4 _____

5 _____

6 _____

7 _____

8 _____

9 _____

42. GROßE LÜCKE

1.   BIZEPS BRACHII

2.   HERZ

3.   LUNGE

4.   LEBER

5.   DÜNNDARM-SPULEN

6.   AUFSTEIGENDER DICKDARM

7.   QUADRIZEPS

8.   GASTROKNISTER

9.   ACHILLESSEHNEN

43. NACH VORNE BEUGEN, STEHEND UND AUF DEN BEINEN

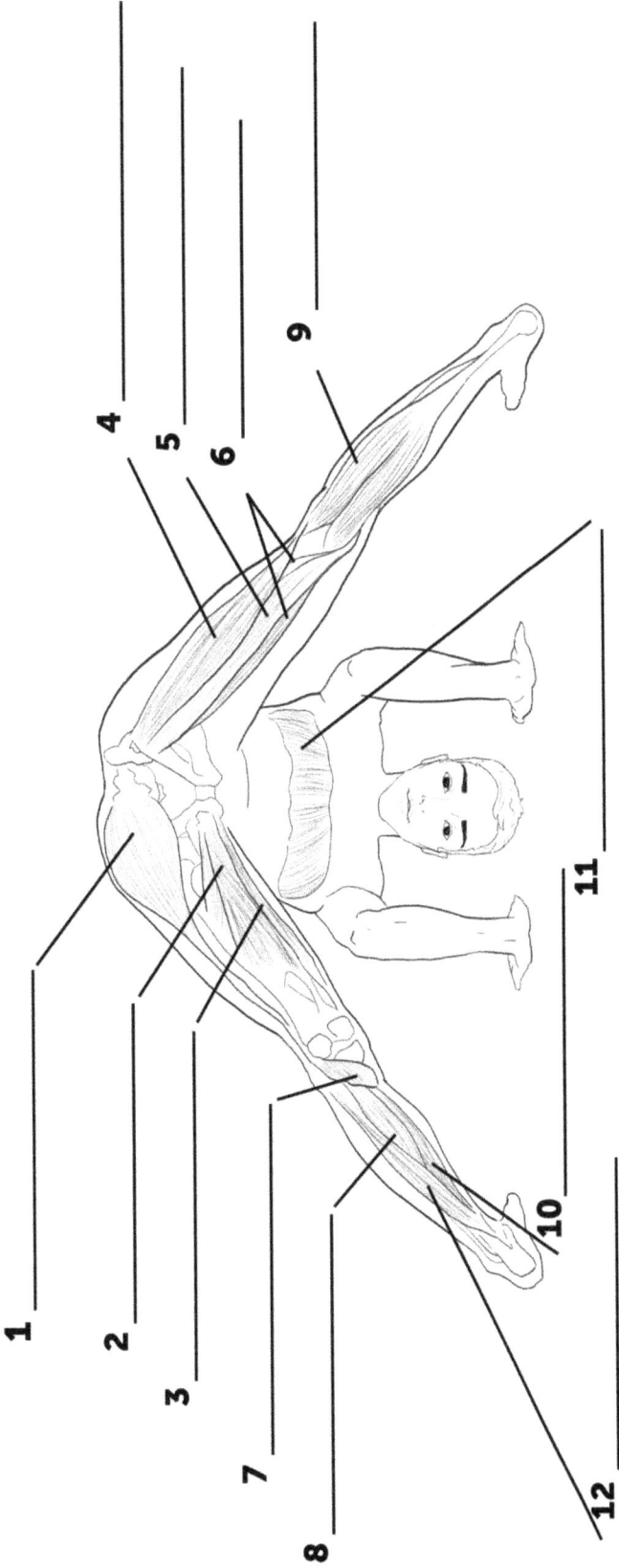

1

2

3

4

5

6

7

8

9

10

11

12

43. NACH VORNE BEUGEN, STEHEND UND AUF DEN BEINEN

1. MAXIMALES GESÄß

2. GROßER SCHENKELANZIEHER

3. GRACILIS

4. BIZEPS FEMORIS

5. SEMITENDINOSUS

6. SEMIMEMBRANOSUS

7. POPLITEUS

8. TIBIALIS POSTERIOR

9. GASTROKNISTER

10. M. FLEXOR DIGITORUM LONGUS

11. DIAPHRAGMA

12. M. FLEXOR HALLUCIS LONGUS

44. POSE DER GÖTTIN

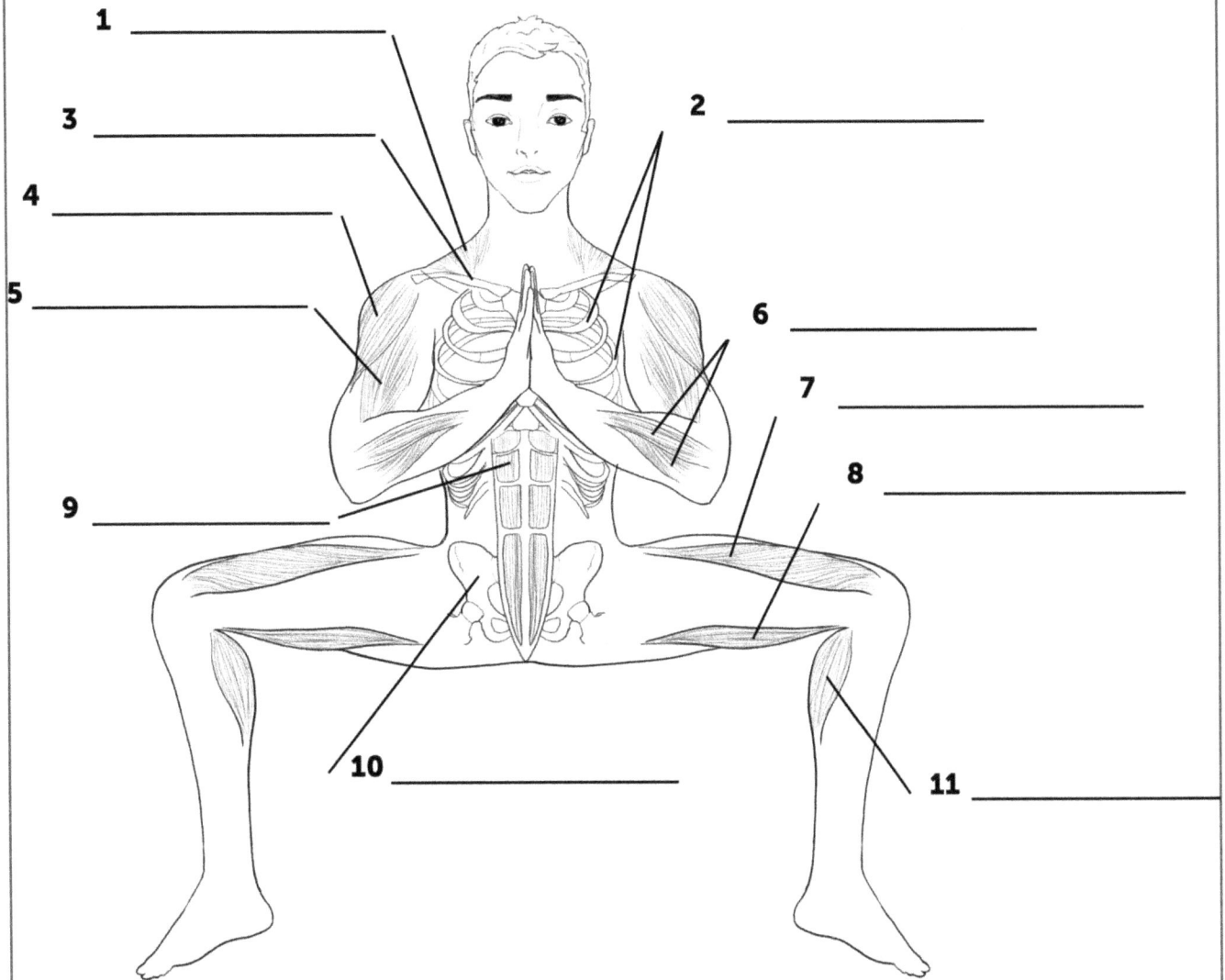

1 _____

3 _____

4 _____

5 _____

9 _____

2 _____

6 _____

7 _____

8 _____

10 _____

11 _____

44. POSE DER GÖTTIN

1. TRAPEZ
2. KÜSTEN
3. CLAVICULA
4. DELTOID
5. BIZEPS BRACHII
6. PRONATOREN
7. QUADRIZEPS
8. HAMSTRINGS
9. REKTUS ABDOMINIS
10. BECKEN
11. GASTROCNEMIUS

45. EINBEINIGE BRÜCKE

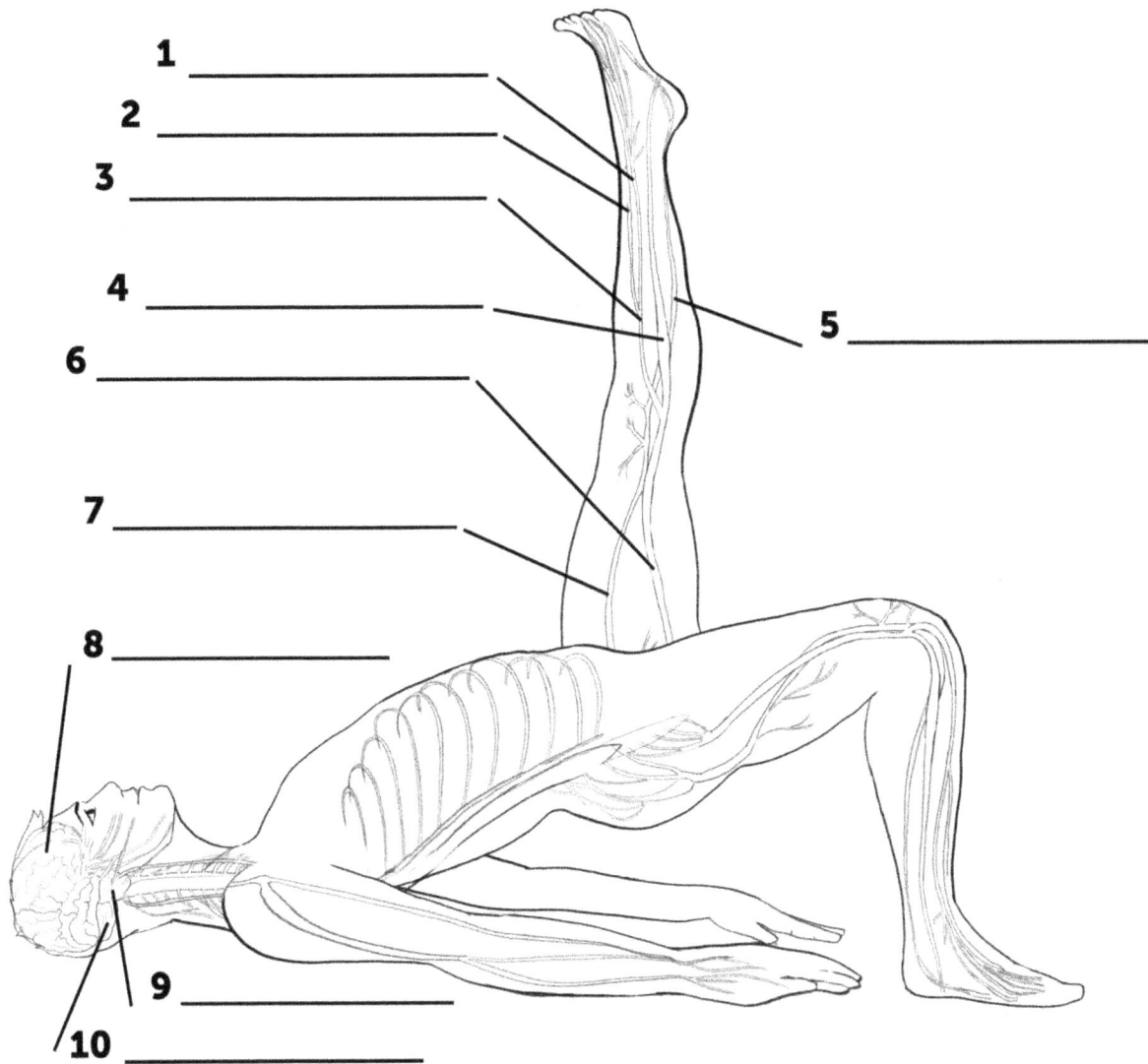

1 _____

2 _____

3 _____

4 _____

5 _____

6 _____

7 _____

8 _____

9 _____

10 _____

45. EINBEINIGE BRÜCKE

1. TIEF PERONEAL
2. OBERFLÄCHLICHES PERONEUM
3. GEMEINSAM PERONEUS
4. TIBIA
5. VENA SAPHENA MAGNA
6. ISCHIAS
7. OBERSCHENKEL
8. GEHIRN
9. HIRNSTAMM
10. KLEINHIRN

46. INSTALLATION DER DOPPELTAUBE

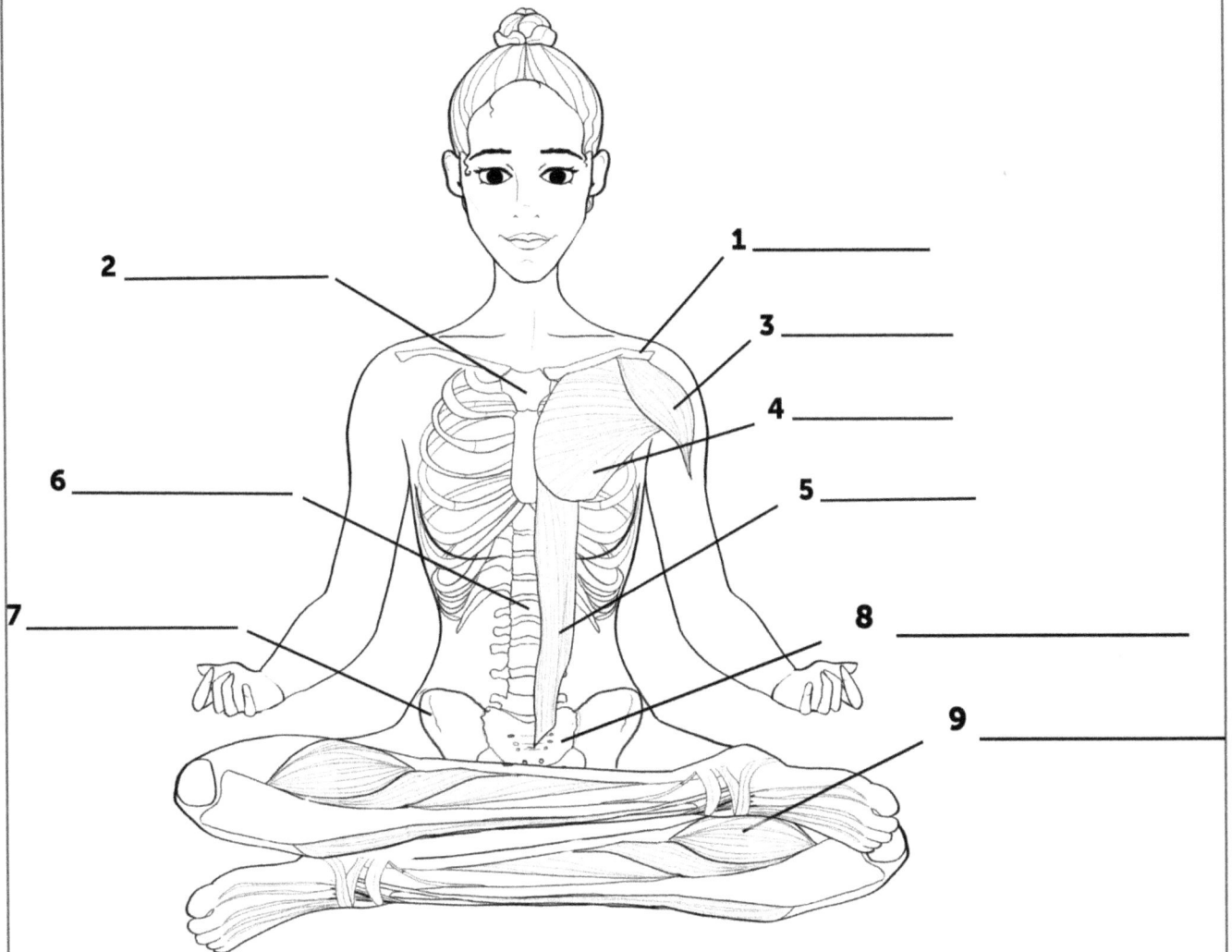

2 _____

1 _____

3 _____

4 _____

6 _____

5 _____

7 _____

8 _____

9 _____

46. INSTALLATION DER DOPPELTAUBE

1. SCHLÜSSELBEIN

2. STERNUM

3. DELTOID

4. PECTORALIS MAJOR

5. RECTUS ABDOMINIS

6. WIRBELSÄULE

7. BASSIN

8. KREUZBEIN

9. GASTROKNISTER

47. SITZENDER VORDERER ELLBOGEN

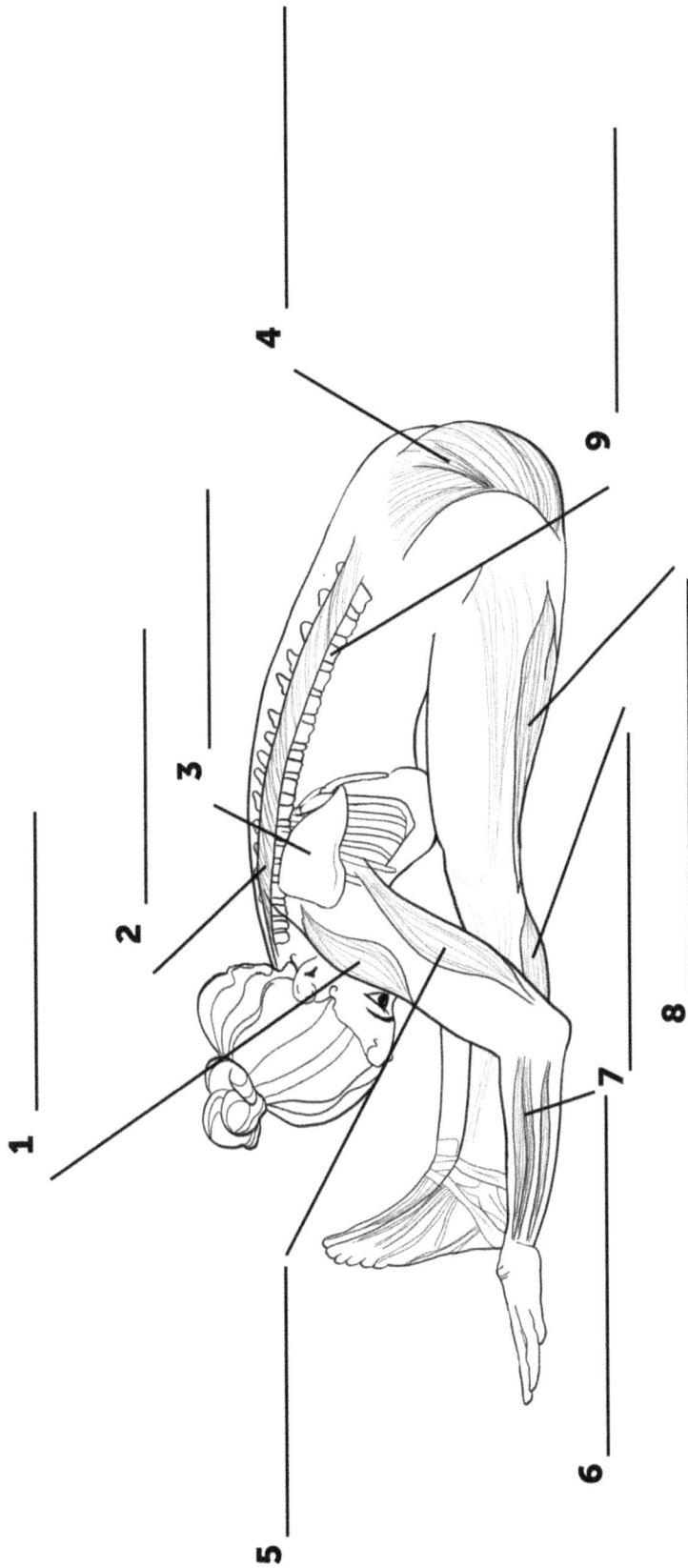

47. SITZENDER VORDERER ELLBOGEN

1. DELTOID
2. MUSKELN DER WIRBELSÄULE
3. SCHULTERBLATT
4. PIRIFORMIS
5. TRIZEPS BRACHII
6. PRONATOREN
7. GASTROKNISTER
8. HAMSTRINGS
9. WIRBELSÄULE

48. EINBEINIGE VORWÄRTSBEUGE

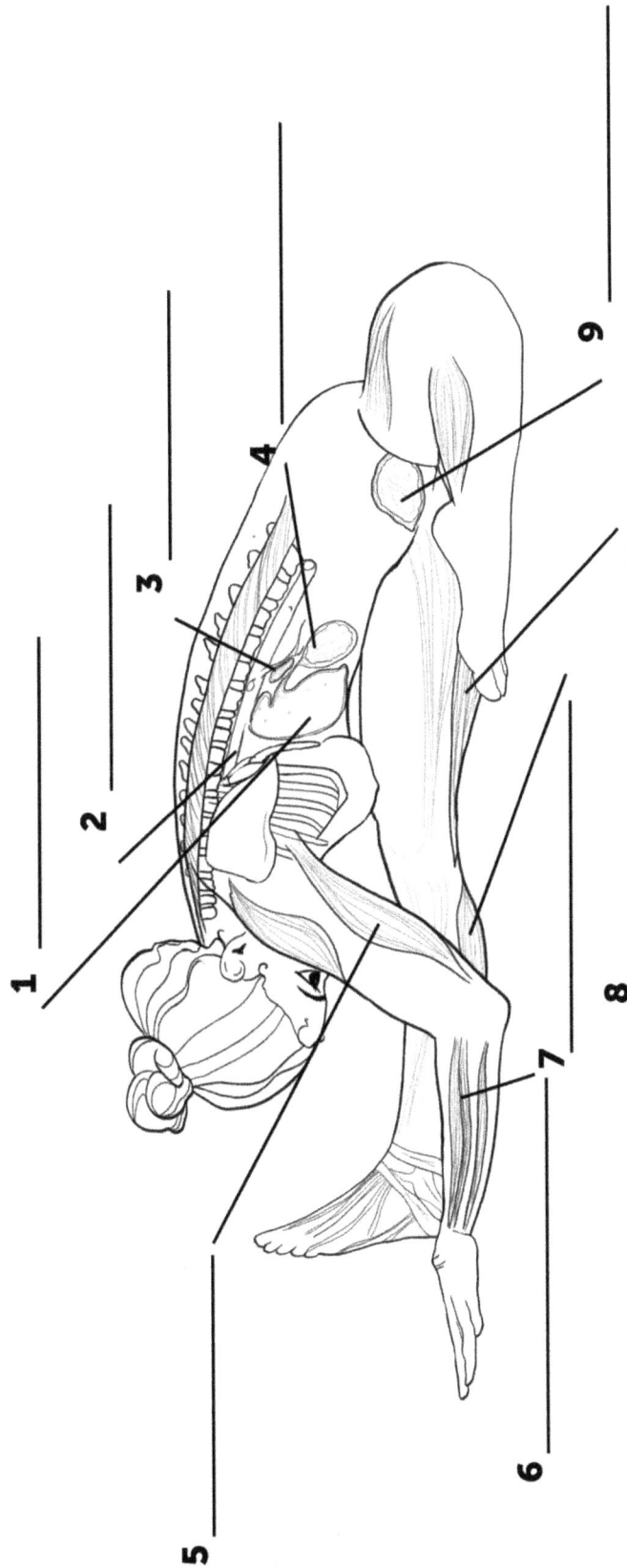

48. EINBEINIGE VORWÄRTSBEUGE

1. LEBER
2. ABDOMINAL-AORTA
3. BAUCHSPEICHELDRÜSE
4. MAGEN
5. TRIZEPS BRACHII
6. PRONATOREN
7. GASTROKNISTER
8. HAMSTRINGS
9. BLASE

49. KNIE ZUR BRUST

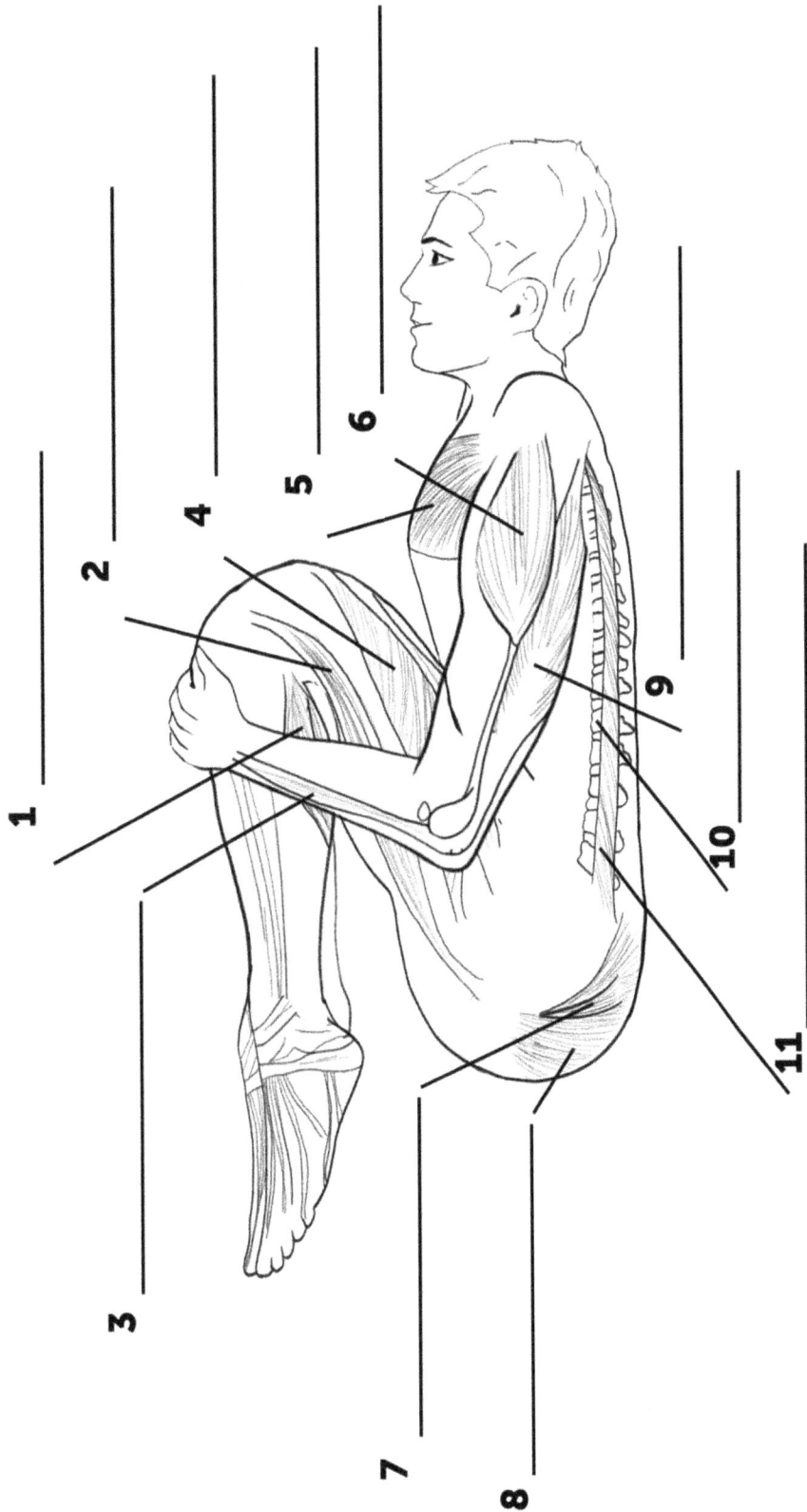

49. KNIE ZUR BRUST

1. GASTROKNISTER
2. HAMSTRINGS
3. PRONATOREN
4. QUADRIZEPS
5. PECTORALIS MAJOR
6. DELTOID
7. PIRIFORMIS
8. MAXIMALES GESÄß
9. TRIZEPS BRACHII
10. WIRBELSÄULE
11. MUSKELN DER WIRBELSÄULE

50. POSE DER LÖWE

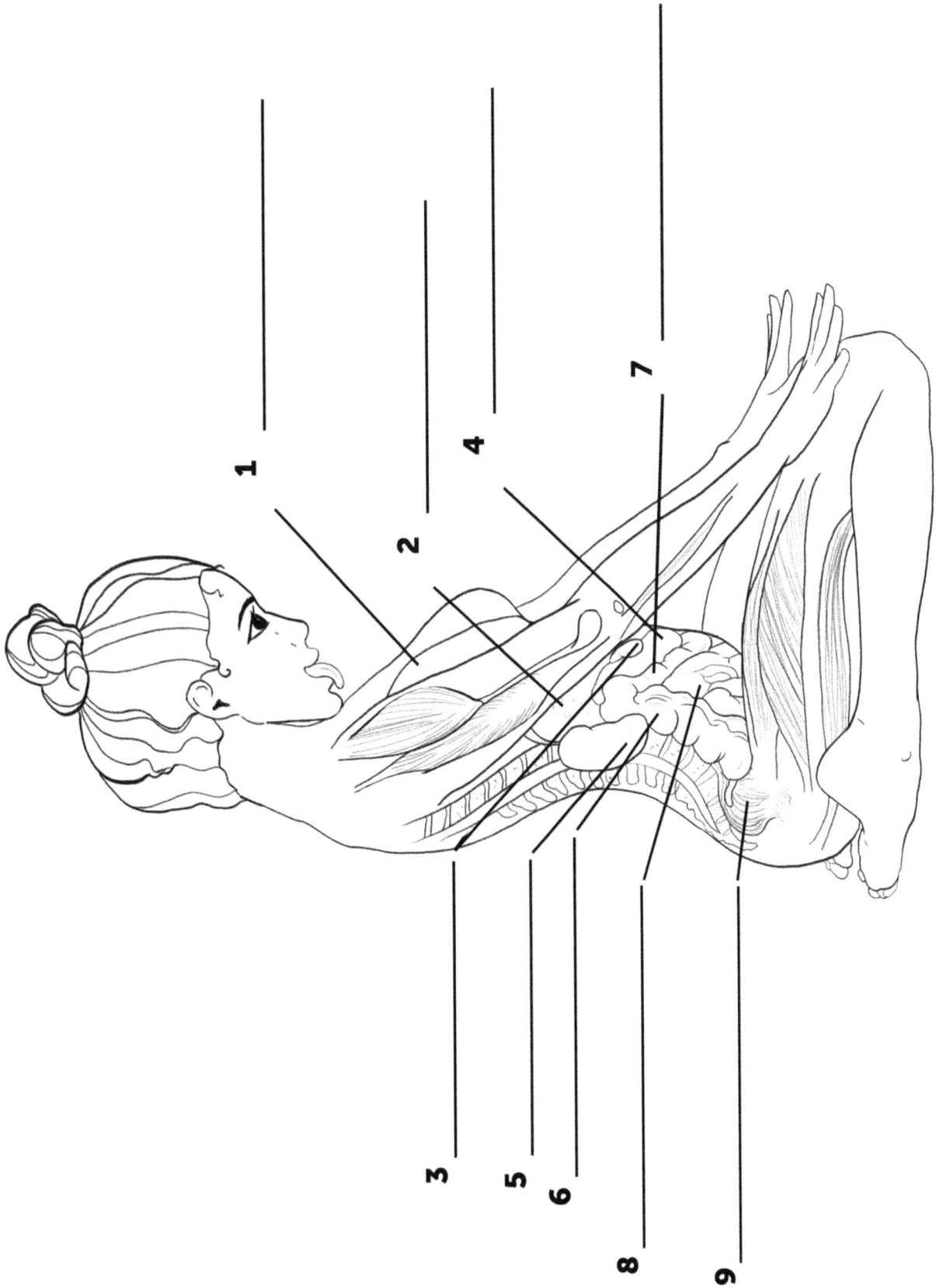

1

2

3

4

5

6

7

8

9

50. POSE DER LÖWE

1. LUNGE

2. LEBER

3. GALLENBLASE

4. MAGEN

5. NIERE

6. AUFSTEIGENDER DICKDARM

7. QUERKOLON

8. DÜNNDARMSPULEN

9. REKTUM

51. HALBE BEINE ZUR BRUST

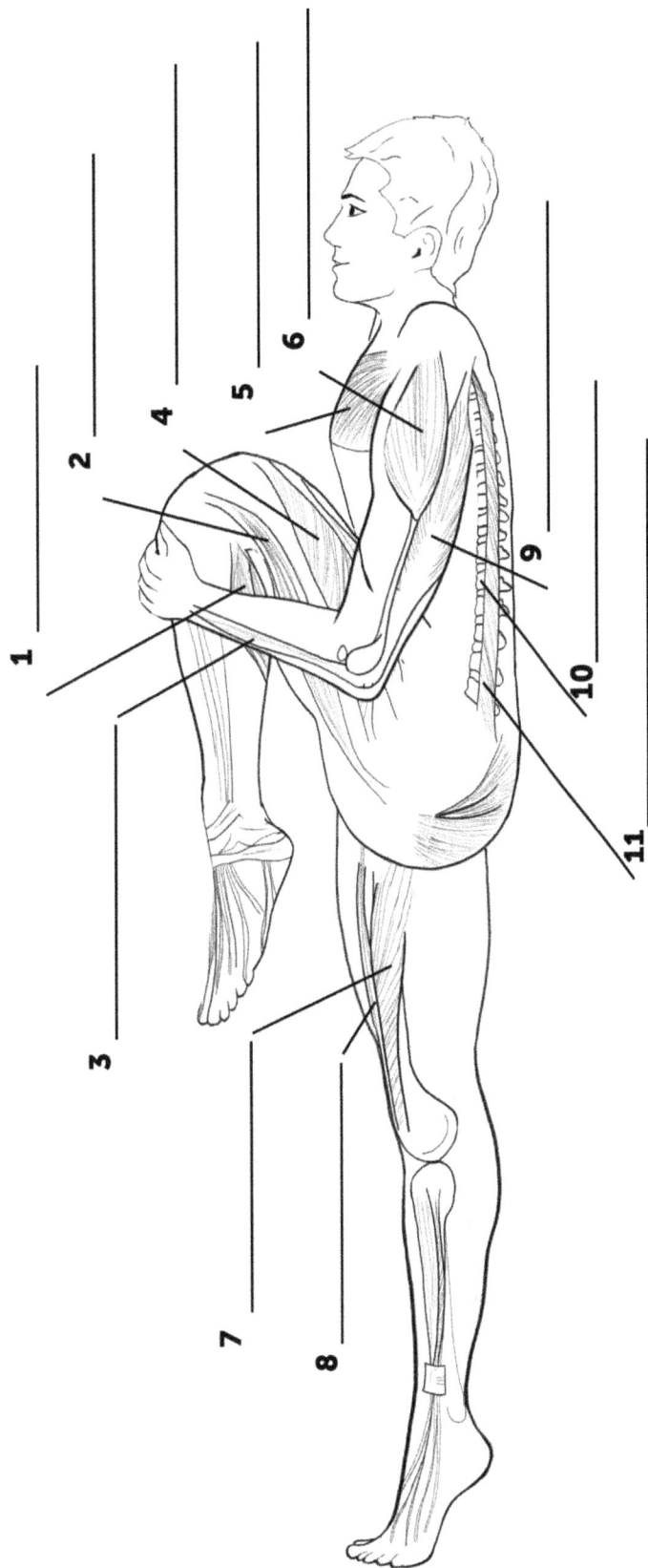

51. HALBE BEINE ZUR BRUST

1. GASTROKNISTER

2. HAMSTRINGS

3. PRONATOREN

4. QUADRIZEPS

5. PECTORALIS MAJOR

6. DELTOID

7. RECTUS FEMORIS (OBERSCHENKELMUSKEL)

8. SARTORIUS

9. TRIZEPS BRACHII

10. WIRBELSÄULE

11. MUSKELN DER WIRBELSÄULE

52. SITZENDE KATZE

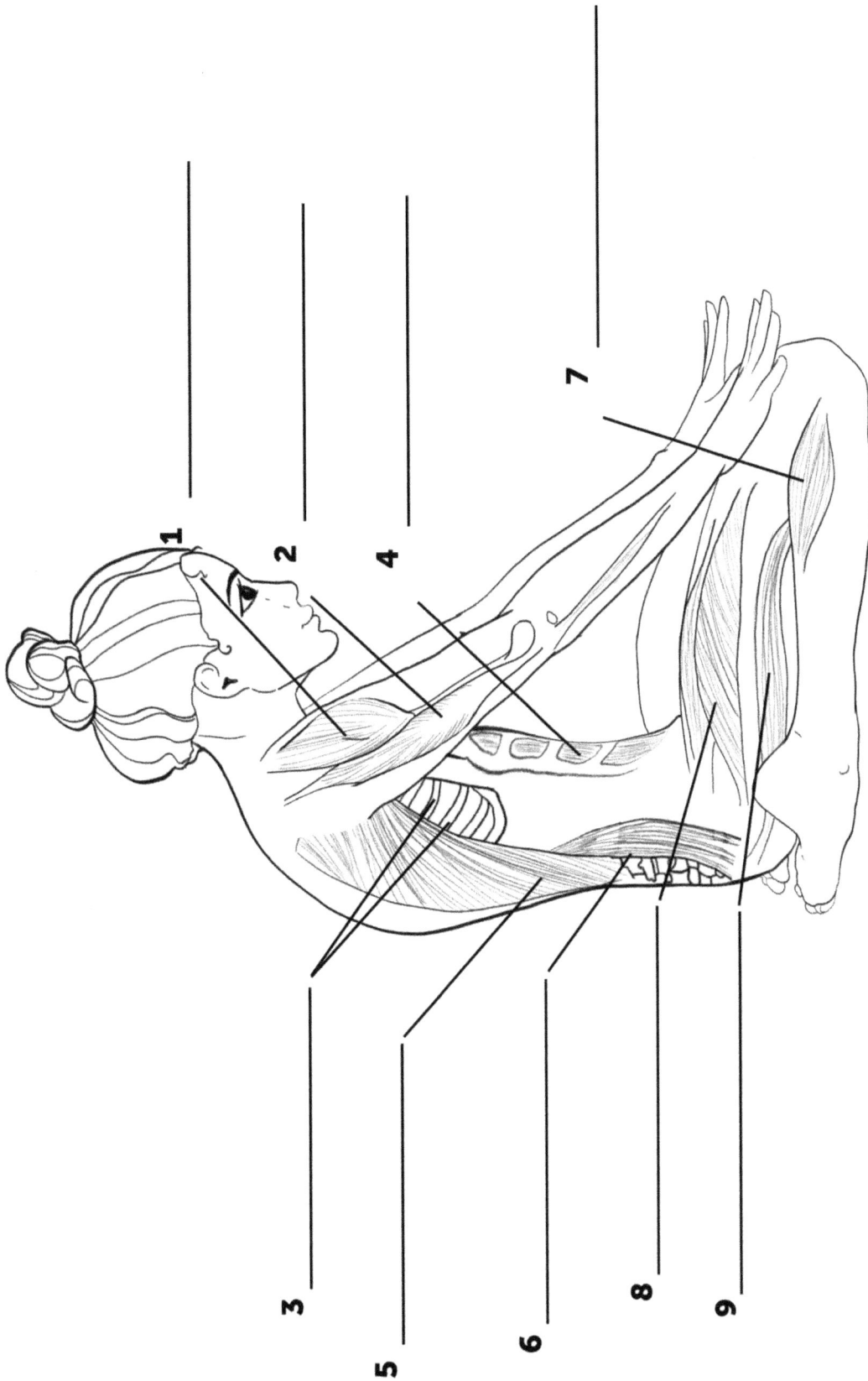

1

2

4

7

3

5

6

8

9

52. SITZENDE KATZE

1. DELTOID
2. TRIZEPS BRACHII
3. KÜSTEN
4. RECTUS ABDOMINIS
5. LATISSIMUS DORSI
6. ERECTOR SPINAE
7. GASTROKNISTER
8. QUADRIZEPS
9. ACHILLESSEHNEN

53. STEHEND KNIE ZUR BRUST

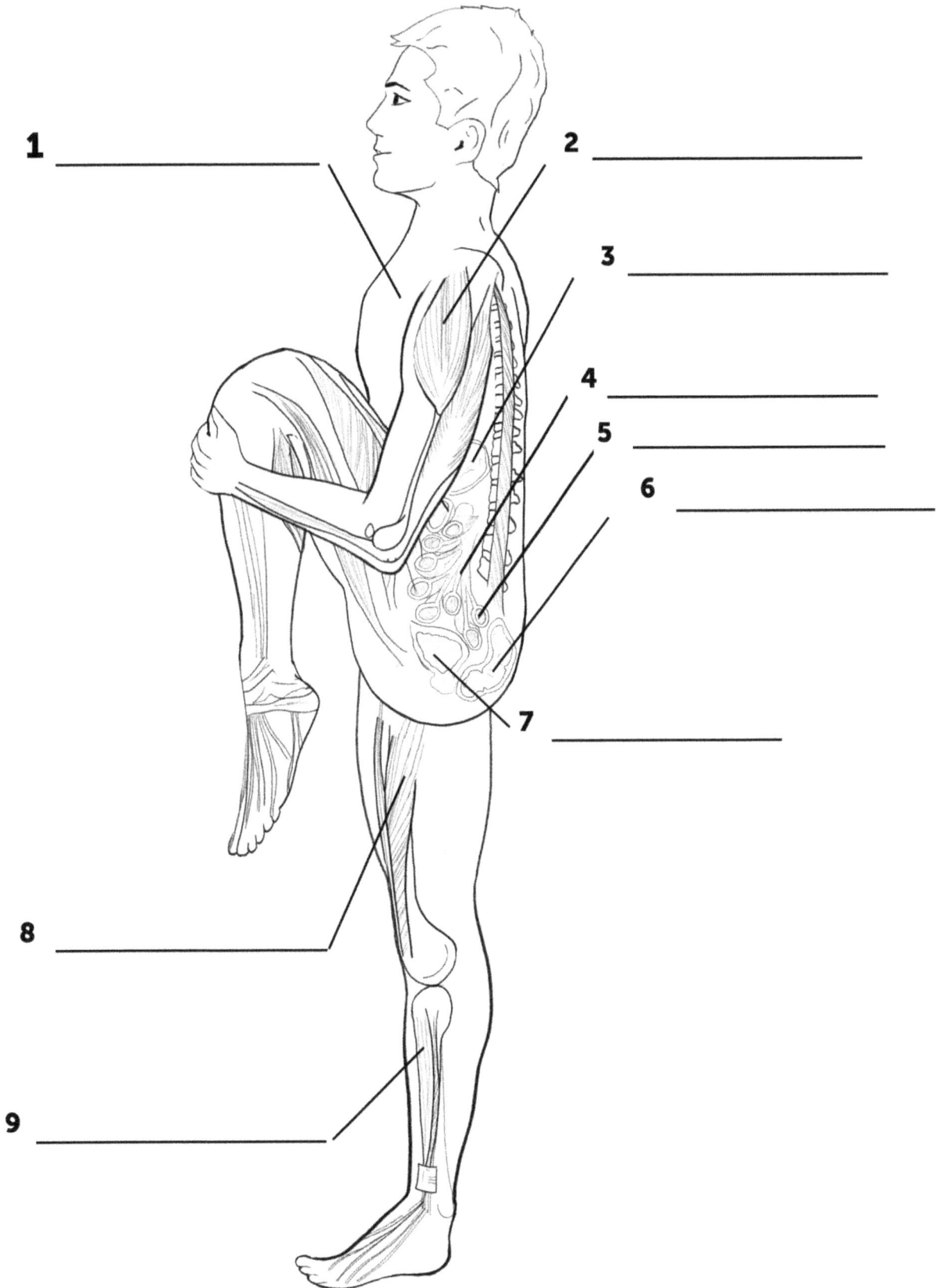

1 _____

2 _____

3 _____

4 _____

5 _____

6 _____

7 _____

8 _____

9 _____

53. STEHEND KNIE ZUR BRUST

1. BRUST

2. DELTOID

3. MAGEN

4. DAS MESENTERIUM DES DÜNNDARMS

5. DÜNNDARM-SPULEN

6. REKTUM

7. BLASE

8. RECTUS FEMORIS (OBERSCHENKELMUSKEL)

9. TIBIALIS ANTERIOR

54. HALB-LOTUS STEHEND

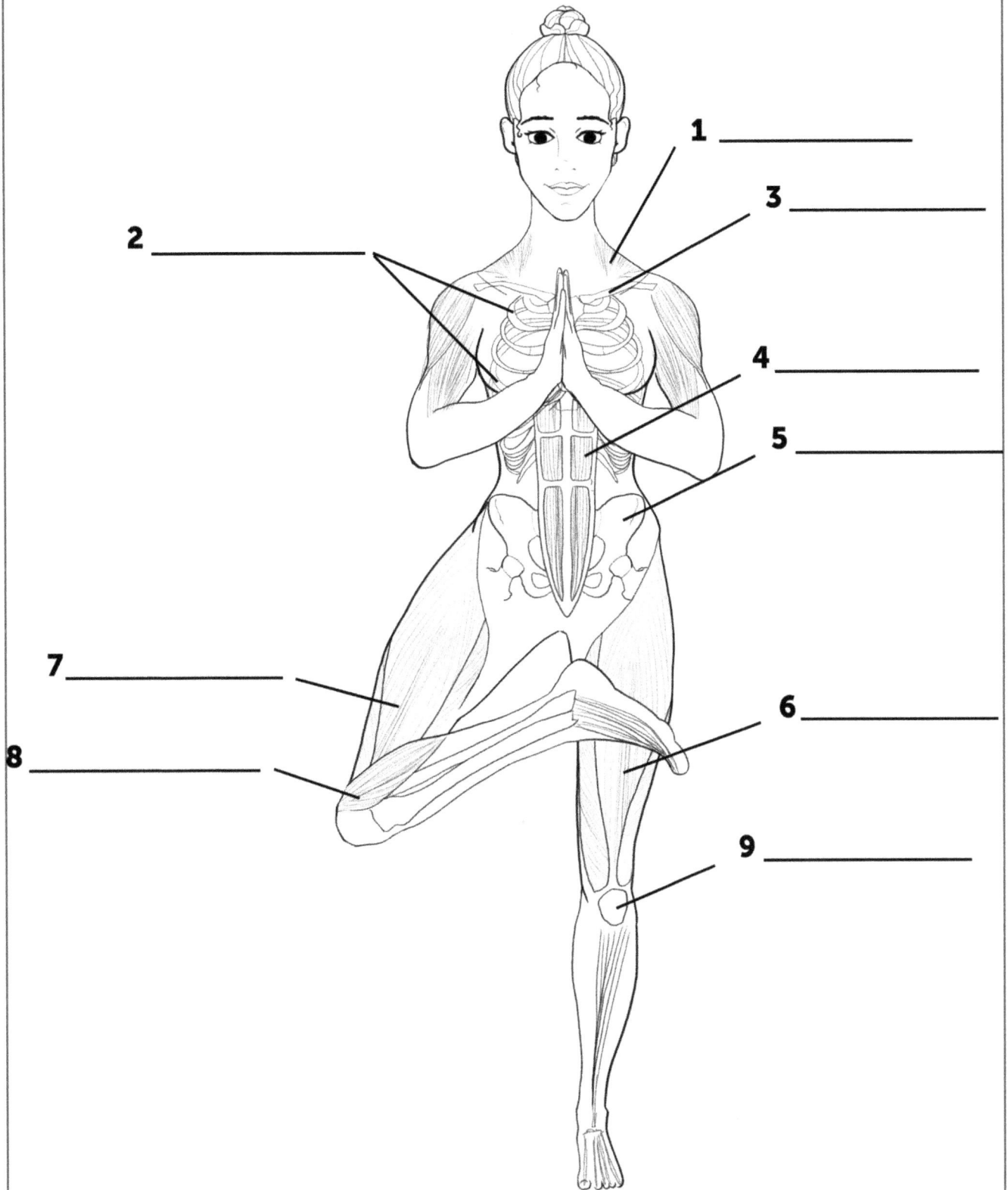

1 _____

3 _____

2 _____

4 _____

5 _____

7 _____

8 _____

6 _____

9 _____

54. HALB-LOTUS STEHEND

1. TRAPEZ
2. KÜSTEN
3. CLAVICULA
4. RECTUS ABDOMINIS
5. BECKEN
6. QUADRIZEPS
7. HAMSTRINGS
8. GASTROKNISTER
9. PATELLA

www.ingramcontent.com/pod-product-compliance
Lightning Source LLC
Chambersburg PA
CBHW051348200326
41521CB00014B/2523